航天科技图书出版基金资助出版

常规导弹弹药安全性考核与技术

李广武　赵继伟　杜春兰
左红星　霍菲　周东　陈萌　著

中国宇航出版社
·北京·

图书在版编目（CIP）数据

常规导弹弹药安全性考核与技术 /李广武等著．--北京：中国宇航出版社，2015.3

ISBN 978-7-5159-0900-4

Ⅰ.①常…　Ⅱ.①李…　Ⅲ.①导弹－弹药－安全性－研究Ⅳ.①TJ76②TJ41

中国版本图书馆 CIP 数据核字（2015）第 051890 号

责任编辑　彭晨光

责任校对　祝延萍　　封面设计　文道思

出版发行　中国宇航出版社

社址　北京市阜成路 8 号　　邮编　100830

(010)68768548

网址　www.caphbook.com

经销　新华书店

发行部　(010)68371900　　(010)88530478(传真)

(010)68768541　　(010)68767294(传真)

零售店　读者服务部　　北京宇航文苑

(010)68371105　　(010)62529336

承印　北京画中画印刷有限公司

版次　2015 年 3 月第 1 版　　2015 年 3 月第 1 次印刷

规格　880×1230　　开本　1/32

印张　5.25　　字数　142 千字

书号　ISBN 978-7-5159-0900-4

定价　58.00 元

本书如有印装质量问题，可与发行部联系调换

航天科技图书出版基金简介

航天科技图书出版基金是由中国航天科技集团公司于2007年设立的，旨在鼓励航天科技人员著书立说，不断积累和传承航天科技知识，为航天事业提供知识储备和技术支持，繁荣航天科技图书出版工作，促进航天事业又好又快地发展。基金资助项目由航天科技图书出版基金评审委员会审定，由中国宇航出版社出版。

申请出版基金资助的项目包括航天基础理论著作，航天工程技术著作，航天科技工具书，航天型号管理经验与管理思想集萃，世界航天各学科前沿技术发展译著以及有代表性的科研生产、经营管理译著，向社会公众普及航天知识、宣传航天文化的优秀读物等。出版基金每年评审1～2次，资助10～20项。

欢迎广大作者积极申请航天科技图书出版基金。可以登录中国宇航出版社网站，点击“出版基金”专栏查询详情并下载基金申请表；也可以通过电话、信函索取申报指南和基金申请表。

网址：http：//www.caphbook.com

电话：(010) 68767205，68768904

序

现代战争对于精确打击和高效能作战武器的需求下，飞机、舰艇等作战平台上大量装备了各种类型的武器弹药。这些弹药（包括导弹、鱼雷、水雷以及航空炸弹等）在拥有强大杀伤力的同时也有因冲击、撞击、跌落、振动、高温、静电、雷击和电磁辐射等外界机械力、环境力引发意外发火、燃烧、爆炸的危险隐患，会造成己方武器装备的破坏、人员伤亡事故和巨大的经济损失、直接削减了己方的战斗力，甚至影响战争的胜负。美国等北约国家正是经历了战争中的一系列弹药意外爆炸事故，惨痛的损失和血的教训促使其认识到“没有生存就没有战斗力”。此后，以其武器弹药的安全性开展了包括试验方法、试验项目选取、试验条件选取及试验结果评估在内的非核弹药安全性试验考核技术研究，形成了比较完整的非核弹药安全性试验考核标准体系。目前，西方国家均将安全性考核试验纳入常规导弹和弹药的定型及军备采购中，要求新装备的弹药必须通过安全性试验。

《常规导弹弹药安全性考核与技术》一书介绍了国外武器弹药典型安全事故案例，弹药安全性环境及试验考核内容；分析了国外弹药安全性政策、标准体系及安全性标准；全面介绍了跌落、快速烤燃、慢速烤燃、子弹撞击、碎片撞击、殉爆、自由射流等安全性试验的方法及程序；并通过安全性试验在国外武器装备中的应用，介绍了利用安全性考核试验标准对不同类型、不同阶段的武器装备如何进行试验项目选取、如何开展试验和评估，及如何利用评估结果对弹药结构和配置进行改进。

本书作者长期从事弹药安全性的理论研究和专业试验工作，具有丰富的实践经验和厚重的学术素养，对国外弹药安全性试验考核技术现状和发展趋势具有深刻的理解。该书的出版适应我军武器装备发展对安全性的需求，可以使我军及各工业部门更加明确安全性对装备建设的重要性，全面了解弹药安全性评估体系、标准、方法，指导我军常规导弹安全性考核试验标准体系的建立，健全我军武器考核的范畴，对常规导弹弹药的安全性设计提供验证和指导，提升我军的弹药武器平台的生存力和战斗力，最终为赢得未来战争奠定坚实的基础。

侯晓

2014 年 12 月

目　录

第1章 绪论

常规导弹弹药安全性试验考核及技术的发展起源于20世纪50年代，在1967年的越战和1973年的中东战争中，因常规导弹弹药自身安全问题引起的航母、战机、坦克的损毁导致了巨大损失，因此国际上更加重视导弹弹药的安全性试验考核及相关技术，安全性成为武器定型考核和装备部队的重要指标。

1.1 常规导弹弹药安全事故案例

1.1.1 “福莱斯特号”航母安全事故

在越南战场，为了弥补兵力火力的不足，美国决定将原属于大西洋舰队的航空母舰临时派到西太平洋执行任务。1967年6月6日“福莱斯特”号航母（CV-59，Forrestal）从诺福克港出发，7月25日到达预定海域。图1-1为发生事故前的“福莱斯特”航母。

图1-1 福莱斯特号航母驶往太平洋

7月29日，一架F-4B“鬼怪”（Phantom）舰载战斗机挂载的一枚M34“诅尼”（Zuni）空地火箭（如图1-2所示）意外点火发射，穿越飞行甲板，击中了一架A-4E“天鹰”（Skyhawk）舰载攻击机的油箱，油箱随即爆炸，大火迅速蔓延至整个飞行甲板（如图1-3所示），使军械库的弹药处于烤燃环境，由于弹药对高温比较敏感最终发生爆炸，并导致军械库的其他弹药发生了殉爆。

图1-2　罪魁祸首——“诅尼”（Zuni）空地火箭

图1-3　福莱斯特号火灾现场

在这场灾难中，5 000人参与了救援（救援现场如图1-4所示），共有134人死亡，162人受伤，其中64人伤势严重，21架飞机被毁，另有43架严重受损，损失78.5亿美元。“福莱斯特”号只得返回美国进行维修。图1-5～图1-6分别为烧毁的战机残骸和受损航母。

图1-4 救援现场

图1-5 烧毁战机残骸

图 1-6　受损航母

1.1.2　“企业”号核动力航母爆炸

1969 年 1 月 14 日，美国第一艘核动力航母“企业”号遭遇了一场可怕的爆炸事故，造成了重大损失。图 1-7 为企业号航母发生事故前的照片，1969 年 1 月 14 日，“企业”号开往东南亚，准备参加越南战争，行进到檀香山以西 70 海里处。

图 1-7　开往越南战场的“企业”号航母

一架 F-4 舰载战斗机起飞时意外撞到“诅尼”火箭发动机上，

导致发动机点火爆炸，碎片割裂战斗机燃料箱，导致起火（图1-8为火灾现场照片）；一分钟后，又有三台以上的发动机爆炸，18个弹药爆轰，甲板上形成一片火海；此次爆炸导致“企业”号严重破损，甲板上炸出了8个大洞，右舷撞开了一个直径为4.5 m的裂口，甲板上另一裂口尺寸达8 m。15架战斗机被毁，17架战斗机受损，损失达5.7亿美元；航母维修花费48.7亿美元；伤344人，死28人。图1-9为爆炸后的“企业”号航母甲板照片。

图1-8　企业号航母火灾现场

图1-9　爆炸过后的“企业”号甲板

1.1.3 “尼米兹”号航空母舰爆炸

“尼米兹”号是美国海军中最大的一艘核动力航空母舰，是一座浮动的机场和海上城市，有“海上巨兽”之称。1981 年 5 月 25 日晚，“尼米兹”号在美国佛罗里达州杰克森维尔以东 70 海里的大西洋洋面上正准备回收模拟作战归来的机群，一架 610 号电子对抗机下降时撞到了停在飞行甲板上的另外三架 F-14 战斗机，而这三架飞机各装载有一枚“麻雀”导弹、一枚“响尾蛇”导弹和一枚“不死鸟”导弹。

巨大的爆炸声响过后，舰上的消防队员立即行动，迅速控制住火势。正当大家以为灾难已经过去的时候，又一声巨响从飞机残骸中传出，一枚“麻雀”导弹由于受到烈焰的烘烤而发生爆炸，正在灭火的水兵被击倒；随后又是一次爆炸，所幸其余的导弹从一开始就被消防队员用盐水冷却，否则，还可能发生更大的爆炸。这次坠机爆炸事件共造成 14 人丧失了生命，42 人被大火烧伤或被导弹爆炸的碎片击中致伤，另有 11 架飞机被毁。仅飞机一项就损失了 5 345 万美元，其他设备与财产损失达 448 万美元。这次事件造成的人员伤亡之多，飞机、设备损失之大，是和平年代美国海军航空史上绝无仅有的。鉴于这次事故，“尼米兹”号采取了一系列改善措施，以防止重大事故再次发生。

1.1.4 坦克、军舰等装备安全事故

1967 年和 1973 年的两次中东战争都发现，坦克的主要毁坏原因是坦克装甲被穿透后，坦克自身弹药仓内的弹药发生殉爆，结果将坦克炸毁。在 2003 年的伊拉克战争中，坦克被命中后，弹药殉爆而使坦克炮塔被掀飞的场面屡屡出现，丝毫不少于 1991 年的海湾战争。

因舰上弹药殉爆所导致的军舰安全事故也是战争中军舰损毁的主要原因，图 1-10 就是某军舰上由于舰上弹药库爆炸而严重受损的典型案例。在世界战争史上这样的案例还有很多，其中最有名的是在 1982 年的英阿马岛战争中，英国的“谢菲尔德”号导弹驱逐舰

在与阿根廷舰队交火过程中被阿根廷的1枚“飞鱼”导弹击中，不幸的是，该导弹正好击中舰上的弹药库，冲击和大火随即引发了舰上弹药的殉爆，最终导致整个军舰被击沉。

图1-10 某军舰由于舰上弹药库爆炸受损照片

1.1.5 弹药库、运输安全事故

无论是勤务还是战备期间，弹药一般都是批量存储和运输的，一旦发生爆炸，其损失也是不可估量的。1984年5月，苏联某海军基地不明原因起火，导致严重的火灾和爆炸，持续数天。图1-11是第一次海湾战争结束后，北约贮存在科威特多哈的弹药爆炸事故现场；图1-12是伊拉克战争中美国空军伊拉克基地遭当地反抗组织偷袭而导致的弹药库爆炸照片；图1-13是第二次世界大战期间美国在芝加哥港口装运弹药时的弹药爆炸事故现场；图1-14是美国弹药铁路运输过程中的爆炸照片。

图1-11 1991年7月科威特多哈弹药爆炸

图 1-12　某军舰由于舰上弹药库爆炸受损照片

图 1-13　1944 年 7 月芝加哥港口弹药意外爆炸后的情景

图 1-14　美国加利福尼亚弹药运输过程中爆炸

这些安全事故不仅造成巨大的经济损失和人员伤亡，甚至因为其对战斗力的削弱直接影响了单场战役甚至整个战争的胜负。

1.2 常规导弹弹药安全性环境

常规导弹弹药事故案例分析表明，常规导弹弹药在其全寿命周期内会经历运输、吊装、贮存、维护、发射技术阵地总检、值勤等多种环节，不可避免地会经受各种振动与冲击；在备战状态下，还有可能受到敌方武器的攻击，导致常规导弹弹药受到子弹或碎片撞击，武器平台或弹药库着火甚至爆炸等，在这些特殊环境因素和环节中，难免会遇到环境应力超载的状况，致使常规导弹弹药出现意外损伤，甚至引发安全性问题。

1.2.1 振动环境

常规导弹弹药在不同寿命周期阶段可能经历的振动环境和预期平台类别见表1-1。

表1-1 振动环境和预期平台类别

寿命阶段	平台	类别	装备描述
制造/维修	工厂设备/维修设备	1. 制造/维修过程	装备/组件/零件
		2. 运输和装卸	装备/组件/零件
		3. 环境应力筛选	装备/组件/零件
运输	卡车/拖车/履带车	4. 紧固货物	装备作为紧固货物
		5. 散装货物	装备作为散装货物
		6. 大型组装件货物	大型组件、外部防护配置，货车和托车车厢
	飞机	7. 喷气式	装备作为货物
		8. 螺旋桨式	装备作为货物
		9. 直升机	装备作为货物
	舰船	10. 水面舰船	装备作为货物
	铁路	11. 火车	装备作为货物

续表

寿命阶段	平台	类别	装备描述
制造/维修	工厂设备/维修设备	1. 制造/维修过程	装备/组件/零件
		2. 运输和装卸	装备/组件/零件
		3. 环境应力筛选	装备/组件/零件
工作	飞机	12. 喷气式	安装的装备
		13. 螺旋桨式	安装的装备
		14. 直升机	安装的装备
	飞机外挂	15. 喷气式	组合外挂
		16. 喷气式	安装在外挂内
		17. 螺旋桨式	组合外挂/安装在外挂内
		18. 直升机	组合外挂/安装在外挂内
	导弹	19. 战术导弹	组装导弹/安装在导弹内（自由飞阶段）
	地面	20. 地面车辆	在轮式/履带/拖车内安装
	水上运输工具	21. 舰船	安装的装备
	发动机	22. 涡轮发动机	安装在发动机上的装备
	人体	23. 人体	有人员携带的装备
其他	全部	24. 低限完整性	安装在减震器上/寿命周期不确定
	所有运输工具	25. 外部悬臂	天线、机翼、桅杆等

1.2.2 意外跌落

常规导弹弹药的意外跌落主要发生在导弹吊装、转运和弹射后发动机未点火等过程中。导弹吊装、转运过程中的跌落高度一般为0.5 m、1 m、2 m，在装船等过程中可以达到12 m甚至更高；导弹弹射后发动机未点火时，其跌落高度为弹射高度；对于机载弹药，当导弹发射后发动机未点火时，其跌落高度为飞机飞行高度。

1.2.3 子弹撞击

子弹撞击过程中影响常规导弹弹药安全性的因素包括子弹的类型、质量、速度等，过去几十年子弹威胁条件在口径、效应和性能方面发生了重要变化，表1-2总结了从1945年到20世纪90年代北约国家所使用子弹的变化（以口径为基础）。

表1-2 从1945年到现在北约国家所使用子弹的变化（以口径为基础）

子弹	速度/（m/s）	质量/g	时期	子弹类型	穿透性（RHA板）/mm
5.56×45	940	4	1967	Ball	1
			1983	Ball	3
			1996年以后	AP	6
7.62×51	838	9.7	1957	Ball	4
	930	8.3	1996年以后	AP	15
12.7×99	887	42.9	WW II	Ball	19
	885	45.9	1947	AP	21
	1 120	27.9	1994	SLAP	34

20世纪80年代和90年代，12.7 AP M2子弹（如图1-15所示）是由攻击步枪或狙击步枪发射的对常规导弹弹药“最具危险性的威胁”。目前，随着14.5 mm甚至20 mm大口径狙击步枪（也称作反材料步枪）的逐渐推广，使得常规导弹弹药所面临的子弹撞击环境也不断在改变，12.7 mm AP子弹不再是“最可靠的威胁”。

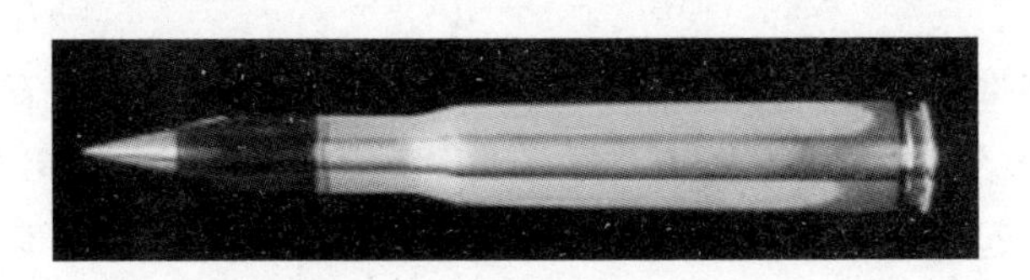

图1-15 12.7 SLAP子弹

1.2.4 碎片/破片撞击及射流冲击

在弹药受到敌方武器攻击或恐怖袭击过程中，往往会承受爆炸碎片的撞击、破片弹药的攻击和聚能射流弹的攻击，其中碎片撞击过程中影响常规导弹弹药安全性的因素包括碎片的材质、形状、质量、速度、撞击方向、撞击密度等，射流冲击过程中影响常规导弹弹药安全性的因素包括主冲击波强度以及伴随的射流碎片材质、形状、质量、速度、撞击方向、撞击密度等，这些参数都在其试验考核标准中做出了相应规定。

1.2.5 火灾环境

火灾环境是两军对垒中最常出现的情况，也是对常规导弹弹药安全性影响最主要的因素之一。当常规导弹弹药的储运和战备环境失火时，弹药可能完全处于火焰环境中，此时弹药外部环境升温速度非常快；如果是邻近弹药库或飞机起火，虽然弹药没有处于火焰环境中，但周围形成了高热气流环境，尽管此时弹药的外部环境升温速度不快，若经过长时间的累积，可能导致弹药内部含能材料温度达到起爆点，造成非常剧烈的爆炸。

1.2.6 爆炸环境

爆炸环境是常规导弹弹药在备战过程中最常经历的威胁环境因素。爆炸环境对常规导弹弹药安全性的影响取决于发生爆炸的弹药、周围弹药的贮存状态或运输配置等。

1.2.7 静电环境

某些推进剂具有电敏感性，在静电环境下可能会引发安全事故。仅从1976年年底至1978年3月，SNPE公司所使用的含铝推进剂就发生了6起事故，这些推进剂都经过了火花试验且并未发生反应。事故发生后，该公司对推进剂生产及处理过程中产生的电荷进行了系统的测量，发现在芯模拔出的过程中，积累在芯模上的电压可达到几千伏。由此，SNPE公司发现含铝推进剂具有电敏感性，并建立了一个渗透模型对这一现象进行了解释。1985年，在德国海尔布隆美国陆军基地组装潘兴Ⅱ导弹时也发生了一起严重事故。一台固体燃料发动机从包装箱取出时，推进剂（AP－Al－HTPB，质量为4 t）药柱内部在没有明显原因下自动点火。分析表明这次意外点火和装在电绝缘凯芙拉壳体内的推进剂药柱内部电场积聚有关，在寒冷、干燥的气候条件下，静电荷通过发动机沿着不同介电材料放电导致着火。

1.2.8　电磁环境

研究证实，在电磁辐射条件下加铝的AP基推进剂能够被点燃，其敏感度水平与推进剂样品尺寸及力学性能、温度和铝粉的品质等许多因素有关。电磁场通过在推进剂药柱内产生电位梯度和介电损失导致温度上升而产生影响。

1.2.9　核攻击环境

核攻击对常规导弹弹药安全性有巨大威胁。核武器爆炸，不仅释放的能量巨大，而且反应过程非常迅速，微秒级的时间内即可完成。在核爆炸周围不大的范围内将形成极高的温度、加热并压缩周围空气使之急速膨胀，产生高压冲击波。地面和空中核爆炸，还会在周围空气中形成火球，发出很强的光辐射。核反应还会产生各种射线和放射性物质碎片；向外辐射的强脉冲射线与周围物质相互作用，造成电流的增长和消失过程，其结果又产生电磁脉冲。这些不同于化学炸药爆炸的特征，使核武器具备特有的强冲击波、光辐射、早期核辐射、放射性污染和核电磁脉冲等杀伤破坏作用。

1.2.10　反导突防环境

反导、突防要求对常规导弹弹药的安全性提出了新的挑战。反导武器系统中采用的新技术如高能激光武器、动能武器，其攻击可能使常规导弹弹药遭受热、冲击、感应等危险刺激并导致出现DDT（爆燃转爆轰）、SDT（冲击起爆）等危险反应。

以上列举了几种环境威胁因素，针对具体常规导弹弹药型号，应该根据其全寿命周期中所面临的环境条件及其自身状态，具体分析各阶段可能面临的各种危险情况，识别其中对常规导弹弹药安全性有实际威胁的因素，并对其威胁程度进行评定。表 1-3 是常规导弹弹药典型危险工况。

表 1-3　常规导弹弹药的典型危险工况

典型危险工况		威胁因素分析
意外跌落	导弹发射后发动机未点火	最大坠落高度，弹体落地姿态，落点的地面状态等
意外跌落	吊装、转运过程中意外跌落	最大坠落高度，弹体落地姿态，落点的地面状态等
撞击	储运过程遭受外物意外撞击	撞击物的材质、形状、质量、撞击速度等
子弹撞击		不同情况下子弹的类型、质量、速度和撞击方向等
碎片、破片撞击		不同情况下碎片/碎片的材质、形状、质量、速度、撞击方向、撞击密度等，以及伴随破片撞击的冲击波
射流冲击		冲击波强度以及伴随的射流碎片材质、形状、质量、速度、撞击方向、撞击密度等
快烤环境	储运和战备状态下环境失火	火源距离、火焰温度及其时间历程等
慢烤环境	邻近弹药库或飞机起火	火源距离、火焰温度及其时间历程等
爆炸环境	周围环境发生爆炸	爆炸产生的冲击波的强度
静电环境	装填、退弹及运输时摩擦产生的静电	静电电压值及周围的介质环境
电磁环境	储运和战备状态下的电磁威胁	所处环境中由于供电、通讯、电子对抗等设施产生的电磁发射频率、电平值和发射方位等
温湿度环境	极端温湿度的储存环境	贮存温度、湿度及其变化速率、周期等
振动环境	运输振动	车载、舰载、机载等不同运输状态下的振动方向、幅度、频率及运输时间
振动环境	发射振动	导弹从武器装载平台发射过程及发射后的振动方向、幅度、频率及发射和飞行时间
其他意外刺激		略

1.3 常规导弹弹药安全性考核的内容

常规导弹弹药安全性考核的内容包括：为评估弹药存储、运输、吊装、维护、操作等勤务过程中环境刺激对常规导弹弹药的安全性影响而进行的温湿度循环试验、振动试验、跌落试验；在作战环境下，由于受到敌方武器攻击导致的平台起火、临近飞机或弹药库起火、子弹攻击、破片弹药攻击、聚能射流弹攻击、临近武器或平台发生爆炸对常规导弹弹药安全性影响的子弹撞击试验、碎片撞击试验、快速烤燃试验、慢速烤燃试验、射流冲击试验、破片冲击试验和殉爆试验；以及其他可能引起弹药发生安全事故的环境试验，如电磁干扰、静电、拦截着陆等附加试验。表1-4为常规导弹弹药安全性考核的主要试验项目，具体内容将在后面章节进行介绍。

表1-4 常规导弹弹药安全性考核的主要内容

试验类型	试验项目
勤务安全试验	28天温湿度：考核常规导弹弹药从装备部队到进入战备状态所经历的长期贮存环境对其安全性的影响
	振动：常规导弹弹药在运输情况下承受的运载平台的振动环境影响
	4天温湿度：作战部署后的短期存储环境对常规导弹弹药安全性的影响
	安全跌落：安装或转运过程中，可能会遇到的吊装跌落刺激对常规导弹弹药安全性的影响
作战安全试验	快速烤燃（FCO）：模拟储运和战备状态下环境失火对常规导弹弹药的威胁
	慢速烤燃（SCO）：模拟邻近弹药库或邻近飞机起火时，其热环境对附近常规导弹弹药的影响
	子弹撞击（BI）：主要模拟枪弹对常规导弹弹药的威胁
	碎片撞击（FI）：模拟碎片弹药攻击或爆炸产生的碎片对常规导弹弹药的威胁
	殉爆（SD）：模拟周围环境爆炸冲击波和碎片对常规导弹弹药的威胁
	射流冲击（SCJI）：模拟聚能射流弹攻击对常规导弹弹药的威胁
	破片撞击试验（FI）：模拟破片弹药攻击对常规导弹弹药的威胁

续表

试验类型	试验项目		
附加安全试验	加速度	电磁脉冲	意外释放
	声学	电磁漏洞	高空模拟
	气动加热	静电放电	跌落
	闪电	浸泡	防爆
	弹射、拦截着陆	霉菌	故障单元
	双馈弹药	热枪烤燃	电磁辐射对军械的危害
	粉尘	盐雾	湿度
	电磁干扰	颠簸	空投
	电磁辐射	掺杂	泄漏—浸泡
	X射线辐射	泄漏检测—卤素氦	空间模拟—无人驾驶试
	冲击	加压	炮口影响/影响安全距离
	太阳辐射	雨淋	压力点火
	材料兼容性试验	空中爆炸时间	振动
	静态雷管安全	毒气	

本书涉及的内容包括常规导弹弹药安全性事故案例、常规导弹弹药安全性环境、常规导弹弹药安全性考核的内容，国外安全性政策及标准体系，安全性试验技术，安全性试验在常规导弹弹药评估中的应用情况等。

第2章　国外安全性管理和政策

为保证常规导弹弹药安全性考核的顺利推行，国外建立了一系列管理体系，并制定了推行策略。

2.1　安全性管理体系

安全性管理体系包括管理标准、组织机构以及武器研制各阶段开展何种安全性考核的规定等。

2.1.1　管理标准

以美国为例，美国国防部及各兵种均制定了相应的管理标准，包括国防部标准、陆军标准、海军（包括海军陆战队）和空军标准。

（1）国防部标准

美国国防部颁布了《国防部军需品采购指南手册》，标准详细规定了常规导弹弹药安全性试验与评估的类型，包括：研发过程中的安全性试验与评估、常规导弹弹药在使用过程中的安全性试验与评估、实弹射击安全性试验与评估。此外还规定了试验与评估计划、试验与评估需要提供的具体资料、报告的编写和应用方案举例等。

（2）陆军标准

美国陆军通过条例 AR70－1 和国防部军需品采办指南等标准，详细规定了在弹药研制、改进、采办和管理过程中各所属部门对政策贯彻、试验和评估所负的职责。

此外，陆军还颁布了 AR385－16《系统安全管理指南》，该标准规定了弹药系统安全管理大纲及所需相关信息。

(3) 海军(包括海军陆战队)标准

美国海军于1999年6月15日颁布实施了SECNAVINST5100.10J《美国海军关于弹药安全性、事故预防、职业健康和消防大纲》,该标准为美国海军弹药管理中的安全性问题提供指导;SECNAVINST5000.2C为贯彻实施《国防部军需品采办和信息技术采办强制性标准》规定了具体的要求。

此外,海军还通过颁布OPNAVINST5100.24B《海军系统安全大纲》、OPNAVINST5100.19系列《NAVOSH海面作战及弹药操作安全手册》、OPNAVINST5100.23系列《NAVOSH岸上作战弹药操作安全手册》等标准,用于指导海军弹药后勤管理及使用过程中的安全问题(包含弹药在存储勤务过程中的安全性试验和评估)。

(4) 空军标准

美国空军颁布了I99-103《弹药安全性性能试验与评估标准》,为空军弹药武器系统的采办、研制与管理提出了军备安全性试验与评估指导;《空军系统安全手册》规定了空军在常规导弹弹药的研制、采办和勤务保障过程中的安全性原则、安全性目标和安全性要求。

2.1.2 组织机构

(1) 武器安全评审机构及组织形式

美国就武器安全评审要求国防部成立爆炸安全委员会,同时国防部下辖的每个兵种还需建立武器弹药安全性组织,并由该组织负责建立武器弹药的安全准则,这些组织机构包括:联合兵种钝感弹药技术小组、美国陆军爆炸物安全技术中心、陆军引信安全评审委员会、美国陆军ARDEC爆炸装备处理技术委员会、武器系统爆炸物安全评审委员会、海军安全中心、海军爆炸装置处理技术委员会,其组织形式如图2-1所示。

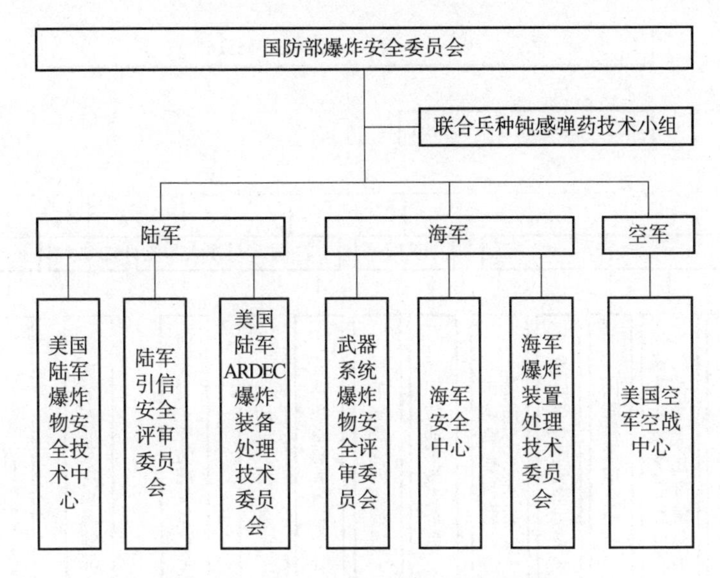

图 2-1　武器安全评审机构及组织形式

(2) 研究体系

目前，北约的研究机构已经形成一个体系，如图 2-2 所示，包括信息共享平台——弹药安全信息分析中心（MSIAC）、各国安全性技术研究机构［包括美国航空航天工业协会（AIAA）、英国国防部军械安全组（DOSG）、法国国防部武器装备部（DGA）等机构也为弹药安全信息分析中心提供研究成果的信息资源］。此外，欧洲的一些钝感弹药生产商也结成联盟，形成欧洲钝感弹药生产商集团（IM-EWG）。

①信息共享平台

美国从 1984 年开始推进有关弹药的高安全化的计划，1988 年同北大西洋公约组织（NATO，简称北约）各成员国共同设立北约不敏感弹药信息中心，以交换有关高安全化的技术情报和信息。2004 年 12 月，该组织改名为弹药安全信息分析中心。

北约钝感弹药信息中心下辖许多工作组，如 AC 326、AC 258 等。其中 AC 326 致力于标准的修订工作，研究 AOP39、STANAG

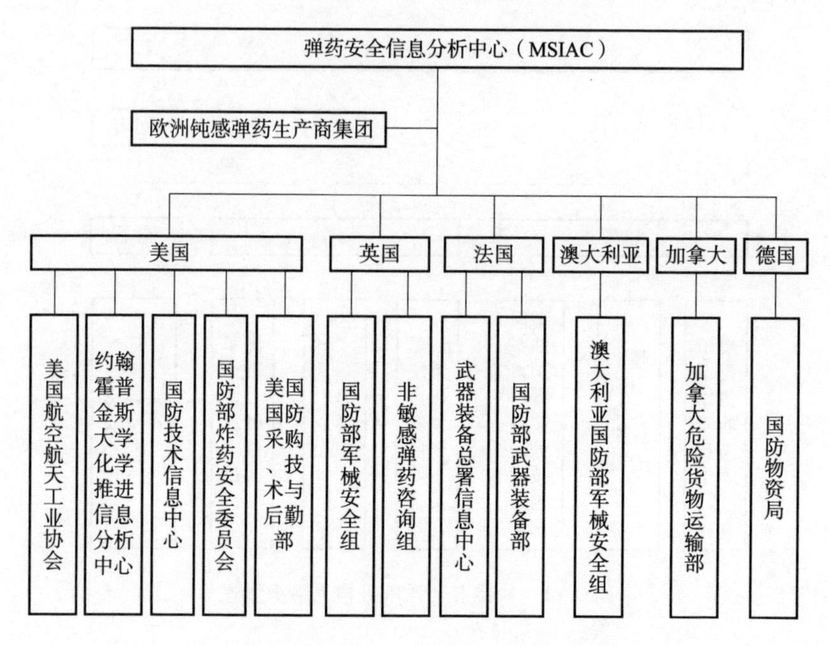

图 2-2　国外安全性研究机构体系图

4439 等标准，对标准版本进行修订，并为北约弹药安全信息分析中心的成员国提供版本更新的说明。

②生产商联盟

欧洲钝感弹药生产商集团，由欧洲的一些钝感弹药生产商结成联盟，共同开发研制钝感弹药，共享钝感弹药研究成果。

(3) 试验体系

美国等国家成立了由军方认可的武器弹药钝感（安全性）评估中心，对常规导弹弹药和子系统（包括固体火箭发动机）进行安全性试验，为常规导弹弹药的评定、改进、包装及防护配置、堆放要求及弹药架的设计提供依据，并最终为常规导弹弹药定型及装备决策提供服务。图 2-3 列出了来自 9 个国家（澳大利亚、加拿大、法国、德国、挪威、西班牙、瑞典、英国和美国）的能够进行钝感弹药安全性试验的 19 个试验中心。

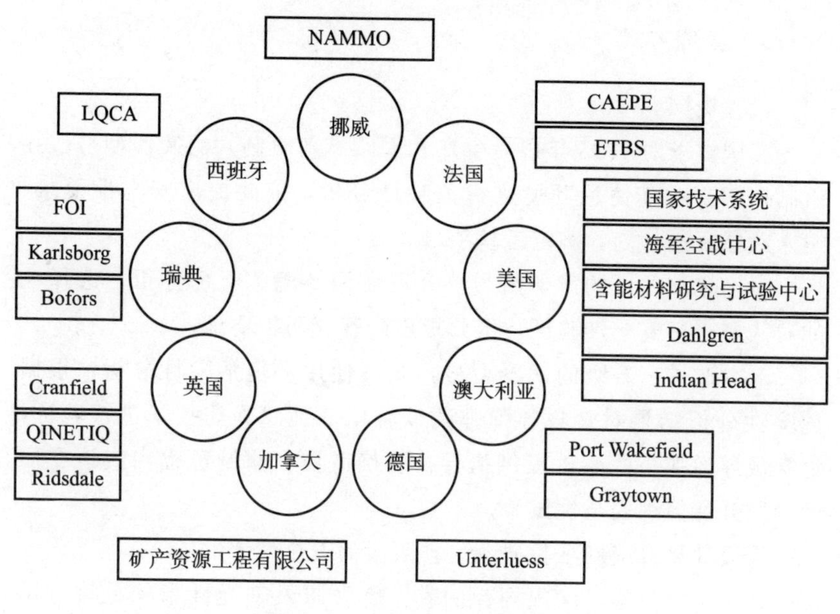

图 2-3　各国安全性评估中心

这些试验机构均获得各国军方部门的授权，其职能是为军方武器采购提供有效评估数据，下面仅介绍导弹推进装置总装试验中心（CAEPE）的试验能力。

导弹推进装置总装试验中心是法国武器装备总署信息中心下属的试验中心，该中心的前身主要从事战略及战术导弹固体发动机地面试验，可进行推力为 250 t 的发动机地面试验，高空模拟能力可达 70 km，并可进行 10 t 1.1 级推进剂试验及 30 t 1.3 级推进剂试验。在 20 世纪 90 年代，它成为钝感弹药政策的官方推行机构，在安全性试验方面，法国三军所有的导弹都必须在该中心进行试验。该中心可以进行战备弹、战术弹用固体发动机、炸药、炸弹、弹头、诱饵弹等武器装备的安全性试验。该中心有 3 个安全性试验区，每个试验区的面积为 200 m×200 m，各区域配备地下测控中心，测试仪器多达 135 个，可以开展静电、电磁、高空跌落、快烤、慢烤、子弹撞击、高速/低速碎片撞击、殉爆、射流等九项安全性试验。

2.1.3 管理方式

（1）美国

美国要求对1995年以后生产和采购（新研制）的武器型号，在研制初期要对其使用环境进行危险性分析，依此提出安全性要求，纳入武器研制计划，确定考核项目。

对已定型在用的武器型号，开展使用环境危险性分析，选择性的对武器进行安全性验证，依此提出配置、防护要求。

对欲改进、升级的武器型号，开展使用环境危险性分析，根据危险性分析结果对常规导弹弹药欲采用的钝感弹药技术进行验证，为常规导弹弹药的改进提供指导，明确武器在研制过程中应该在何种阶段开展何种安全性试验。

①设计更改或新项目研制启动阶段的安全性评估

评估内容包括：常规导弹的安全性要求及安全性指标是否适用（既能满足使用环境的安全性要求，又不会对研制造成太大的阻碍）；根据系统的安全性要求和指标制定安全性试验计划（开展哪些安全性试验可以验证常规导弹是否满足所提出的安全性要求及指标）；对安全性试验计划进行评估，以确定其完整性及其与安全性标准是否一致。

②研制中期的安全性评估

评估内容包括：具体的安全性试验及试验相关指标是否能够模拟常规导弹弹药在后勤和使用过程中所面临的危险。主要针对子系统，可以使用缩比试验。

③小批量生产或批生产初始阶段的安全性评估

主要针对全弹（对于造价昂贵或尺寸较大、风险较大的弹药，其爆炸组件为全弹爆炸组件；其余组件，尤其是成本很高的控制部件等，在保证其不会对弹药安全性试验结果产生影响时，只需采用等效质量、尺寸和导热系数的模拟件替代），试验项目相对较少，通过评估确保不会导致安全性能不合格的产品，以确保项目整体安全性符合要求。

④装备前的安全性试验及评估

通过评估确保现有武器系统、关联系统或装备项目符合装备安全性要求，主要针对全弹，试验项目较少。

（2）英国

英国的管理机构为国防部军械委员会。该委员会的宗旨是对在用的武器的安全性和适应性进行评价，并相应地通知管理部门、设计部门、用户和合同商，他们的评估基于储存的基本设计数据，以及武器或弹药在研制过程和批产定型中进行的试验结果。该委员会的早期介入以及通过在研制过程中与项目管理的密切合作可以防止因后期设计变动造成的成本和时间损失。其对弹药的使用安全性与适用性的评估由四个阶段组成：

1）检查武器系统整体设计，确定爆炸物、爆炸部组件、点火器的安全特性是否符合相关标准。在这一阶段，对可能导致爆炸的装药的危险性及风险进行预估。

2）建立气候的、电气的、电磁的和机械方面的环境（包括激励等级和持续时间），考核武器系统，特别是爆炸装药对上述激励环境可能产生的反应程度。

3）对可以防止弹药意外起爆的安全特性进行考核，确定需要进行的安全性试验项目，上报军械委员会并提供依据。

4）开展试验，分析结果，向军械委员会呈送带有建议的试验报告。

2.2　安全性考核推行策略

2.2.1　北约

北约标准化协议 4439 对各成员国（在标准中签字的国家）建立标准化的钝感弹药安全性试验、评估和发展策略及相关政策进行了规定，要求各成员国在政策上发展钝感弹药，今后所有装备部队的弹药必须按照 4439 的详细程序进行评估和试验，才能服役于部队。

2.2.2 美国

美国是最早开展钝感弹药研究的国家，最早涉及到常规导弹弹药安全性试验考核的标准应该追溯到20世纪50年代，美国针对一系列发射药安全事故，提出了低易损性发射药的概念，并形成了一系列试验规范。60年代，美国海军发布了标准化文件WR-50《海军武器要求空中、水面和水下发射武器的弹头安全性测试》，规定了对于非核武器的常规弹头需要进行安全性测试，文件制定了测试方法，同时规定了最低的可接受安全限度。这是第一个兼有测试方法和通过标准的文件，包括了快速烤燃、慢速烤燃和子弹撞击（BI）的全部测试内容。1982年，美国国防部在WR-50的基础上，经修订建立了世界上第一个钝感弹药军用标准DOD-STD-2105《非核武器弹药危险性评估标准》，标准的适用范围从弹头扩充到了全部非核武器弹药，不仅要求含能材料满足钝感要求，而且要从武器弹药总体结构和材料等方面入手研究改进措施，将钝感弹药视为系统问题来对待。然而，这些标准并没有采取强制推行的策略，主要是考虑到钝感弹药在技术上还没有成熟时，强制推行该类标准可能会降低部队的战斗能力，同时钝感弹药研制的成本较高，也无法获得军方和研制生产方的认同。但是，在这些标准的非强制推行过程中，武器弹药研制、生产和使用方逐渐统一了认识，并极大地促进了钝感弹药技术的突破。

美国自中东战争、海湾战争后，更加重视弹药的安全性，到20世纪80年代末，美国的钝感弹药技术在炸药、推进剂、壳体材料、壳体结构等多个方面取得了突破性的进展，很多新研制的弹药能够基本满足钝感弹药的需求，因此，1989年1月，美国国防部颁布了《非核武器危险性评估军用标准（MIL-STD-2105A)》，并规定自1995年10月起，该标准为美国三军生产和采购武器装备的强制性标准。这就意味着，从1995年以后，美国所有武器弹药的定型都必须通过安全性试验。

2.2.3　英国

英国国防军械部要求：所有新研制的弹药应满足 STANAG 4439 中提出的所有要求，并在装备部队前对其进行严格的安全性验证；在适当的时候，应该对所有在用型号进行安全性验证和升级；当危险评估显示某些特殊的威胁不适用时，可以对相应的试验进行适当删减；对于新研制的型号应该使其满足合理的、可实现的安全性目标，并在装备部队前对其进行严格的安全性验证；无论是新研制的型号还是在用的型号，如不能达到 STANAG 4439 的要求，应该被标记为 2 -星弹药；对于在用型号应尽量对其进行升级以满足所有的安全性要求，然而对于很多在用型号这种做法是不现实的，为了不影响战斗力，对不能达到 STANAG 4439 要求的型号武器适当放宽，并制定了安全性临时豁免机制；对于在用型号的目标是将其危险降低到尽可能低的水平（如可以从原有的爆轰反应降低到爆炸反应，尽管仍不能满足安全性要求，但其风险已经降到最低）。

尽管新型号的研制必须完全满足安全性要求，但是很多在研型号是在安全性这一概念提出之前就已经进行设计和研制，这些型号很难完全满足安全性要求，这一问题在各成员国是普遍存在的。为解决此类问题，从 2002 起，英国开始建立安全性临时豁免程序，要求在弹药无法满足安全性要求时，必须启动安全性临时豁免程序。并规定启动安全性临时豁免程序必须提供令人信服的证据，包括如下几个方面：弹药的安全性特征及不符合英国国防军械部安全性政策的特征；不符合的原因；弹药全寿命周期的安全性评估；将危险性降低到可接受水平的特殊处理程序或措施；将武器弹药改进为满足安全性要求的可行性；改进为安全性弹药的计划和节点。

在英国，很多已有问题可以在推行安全性政策过程（包括对主要弹药型号和应用平台的回顾，尤其是在役弹药，分析安全性的优缺点、解决方案、相关技术要求及推行节点分析）中得到解决。该项工作涉及多个部门，包括提出需求的部门、研制生产部门、安全部门及弹药的使用者。研究主要集中在英国海、陆、空三军的 60 多种型号武器，尤其是危险等级较高（如 HD1.1 级）的导弹。

目前英国对其国内已装备部队的 2 200 种弹药逐步开展了安全性验证，并根据海、陆、空三军的 60 多种型号武器的弹药特性建立了安全性数据库，制定了安全性升级方案。

2.2.4 法国

法国于 1993 年 8 月 4 日颁布了钝感弹药条例（French doctrine relative to MURAT），该条例规定了法国的钝感弹药政策、管理、方法和标志，并提交至北约钝感弹药标准化协议小组进行讨论。

(1) 法国弹药危险等级分类及其反应限度

法国对弹药危险等级分类负全责的权威机构 IPE 提出将弹药按照其危险性分成 3 个等级，分别为 1 星钝感弹药（MURAT*）、2 星钝感弹药（MURAT**）和 3 星钝感弹药（MURAT***）。

对于 1 星钝感弹药，其可接受的反应限度如表 2 - 1 所示。

表 2 - 1　1 星钝感弹药的响应限度

反应类型 / 刺激	NR	Ⅴ	Ⅳ①	Ⅲ	Ⅱ	Ⅰ
静电	X					
跌落	X②					
燃料着火（快烤）	X	X	X			
慢速加热（慢烤）	X	X	X	X		
子弹撞击	X	X	X	X		
殉爆	X	X	X	X		
轻型碎片撞击	X	X	X	X	X	X
重型碎片撞击	X	X	X	X	X	X
射流冲击	X	X	X	X	X	X

注：①不出现助推现象；

②在跌落试验中，如果试件出现泄漏，其泄漏物必须是安全的；

NR——无响应，罗马数字代表的是北约规定的反应类型（其中，Ⅴ是燃烧，Ⅳ是爆燃，Ⅲ是爆炸，Ⅱ是部分爆轰，Ⅰ是爆轰）；

X——可接受的响应。

对于2星钝感弹药，其可接受的反应限度如表2-2所示。

表2-2　2星钝感弹药的响应限度

反应类型 刺激	NR	Ⅴ	Ⅳ[③]	Ⅲ	Ⅱ	Ⅰ
静电	X					
跌落	X[①])					
燃料着火（快烤）	X	X[②]				
慢速加热（慢烤）	X	X				
子弹撞击	X	X	X	X		
殉爆	X	X	X	X		
轻型碎片撞击	X	X	X	X		
重型碎片撞击	X	X	X	X		
射流冲击	X	X	X	X	X	X

注：①在跌落试验中，如果试件出现泄漏，其泄漏物必须是安全的；
②应该在最初阶段，即燃料着火后5分钟发生响应；
③不出现助推现象；
NR——无响应，罗马数字代表的是北约规定的反应类型（其中，Ⅴ是燃烧，Ⅳ是爆燃，Ⅲ是爆炸，Ⅱ是部分爆轰，Ⅰ是爆轰）；
X——可接受的响应。

对于3星钝感弹药，其可接受的反应限度如表2-3所示。

（2）对弹药服役各阶段配置状态的指导

法国政策考虑了联合作战和恐怖袭击对弹药可能造成的威胁，并可以为弹药的运输、贮存和维护，以及战备和作战状态提供指导。

①运输

在运输过程中，可以根据1星钝感弹药可能发生的反应（在静电、跌落、燃料着火时不会发生爆炸，但在慢烤、子弹撞击、碎片撞击、殉爆、射流等情况下可能会发生爆炸）设计其运输防护。对于3星钝感弹药，其仅在射流弹攻击下会发生爆炸，其余情况（静电、跌落、燃料着火、慢烤、子弹撞击、碎片撞击、殉爆）下只会发生爆燃，依此来设计运输防护。

表 2-3　3 星钝感弹药的响应限度

刺激 \ 反应类型	NR	Ⅴ	Ⅳ③	Ⅲ	Ⅱ	Ⅰ
静电	X					
跌落	X①					
燃料着火（快烤）	X	X②				
慢速加热（慢烤）	X	X				
子弹撞击	X	X				
殉爆	X	X	X			
轻型碎片撞击	X	X				
重型碎片撞击	X	X	X			
射流冲击	X	X	X	X		

注：①在跌落试验中，如果试件出现泄漏，其泄漏物必须是安全的；

②应该在最初阶段，即燃料着火后 5 分钟发生响应；

③不出现助推现象；

NR——无响应，罗马数字代表的是北约规定的反应类型（其中，Ⅴ是燃烧，Ⅳ是爆燃，Ⅲ是爆炸，Ⅱ是部分爆轰，Ⅰ是爆轰）；

X——可接受的响应。

②贮存和维护

在贮存和维护过程中，1 星钝感弹药、2 星钝感弹药和 3 星钝感弹药可以参考危险等级 1.2、危险等级 1.2 或 1.3 和危险等级 1.3 的爆炸物的量距准则。

③战备和作战

对于弹药安全性与战备和作战装备的要求：以国家防御系统为例，由于弹药装备一旦发生事故，将对人员及各类国家设施造成不可估量的损失，因此要求装备的弹药具有较高的安全性。无防护和隔离措施的弹药应为 3 星级钝感弹药，有防护和隔离的弹药可以考虑 2 星弹药。

此外，鉴于可能造成损失的大小，装备在航母上的弹药，应尽量考虑 3 星级钝感弹药。海外联合作战时，装备在军事基地，且间隔距离较大，人烟稀少时，对弹药的安全性标准可以适当降低。

（3）政策的推行

法国钝感弹药政策的推行为分步进行。

①1993 年到 1998 年

在该阶段一方面积极发展钝感弹药技术，另一方面，建立试验评估条件。

②1999 年到 2003 年

对部分弹药开展安全性试验评估，如果能够通过试验，则给予相应标志，如果不能通过试验，则提出豁免年限、改进要求和计划、装备限制等。在该阶段，有六种型号的弹药（250 磅多功能炸弹、155 mm 口径弹药、用于装备主战坦克 AMX30 B2 的爆炸装甲弹、标准助推弹和两种导弹：APACHE 和 VT1 MO1）获得了钝感弹药资格。

第 3 章 国外常规导弹弹药安全性考核试验标准体系

目前世界上有 6 个主要的常规导弹弹药安全性试验考核标准体系：北约的钝感弹药评估和试验标准体系，美国的 2105 非核弹药危险性评估试验标准体系，法国的 DGA/IPE 弹药需求测试试验标准体系，英国的 JSP520 弹药安全性试验考核标准体系，德国的 BM-VG 弹药安全性试验考核标准体系和意大利的 DG－AT 安全性试验考核标准体系。其中英国和德国借鉴并遵从北约的钝感弹药评估和试验标准，意大利融合了北约和法国的常规导弹弹药安全性试验考核标准。下面主要介绍北约和美国的常规导弹弹药安全性标准体系。

3.1 北约安全性考核试验标准体系

3.1.1 北约安全性考核试验标准体系的发展历程

1984 年，北约提出了有关包覆发射药的问题。1987 年英国、加拿大、澳大利亚和美国研讨了弹药对枪弹/碎片撞击、静电放电、喷气射流冲击、慢速烤燃、快速烤燃和殉爆的响应；并建议在初步获得共识的基础上，制定计划以进一步研究反应机理，探索预测响应结果的可能性。

随着弹药和炸药安全和适用性问题的提出，北约钝感弹药信息中心（NIMIC）于 1988 年在美国成立。北约钝感弹药信息中心最初由法、荷、挪、英、美国参加并提供资助，1991 年在布鲁塞尔建立了永久性组织。加、意、葡、西、澳等 6 国家相继参加，到 1994 年，北约钝感弹药信息中心已得到全部北约伙伴的同意。2000 年 2 月，芬兰、瑞典、丹麦等非北约国家也相继加入。2004 年 12 月，该组织改名为弹药安全信息分析中心，老牌军事技术强国——德国在2005年10月才被批准加入该组织。目前的成员国包括了法国、荷兰、挪威、英国、美国、加拿大、意大利、葡萄牙、西班牙、澳大利亚、芬兰、瑞典、丹麦和德国。

各国在进行安全性研究的同时始终致力于相关试验和评估标准的制定。北约安全性试验规范是从1988年开始应用的，并先后制定了安全跌落、快速加热（FH）、子弹撞击等7项模拟试验标准。1998年颁布了北约标准化协议STANAG 4439《钝感弹药介绍、评估和测试》，规定了协议国发展钝感弹药的相关政策，并给出了钝感弹药的通过准则，可操作性很强。此后，北约又出版了盟军出版物AOP-39《钝感弹药的评估和研发指南》，该指南与STANG 4439配合使用，提供钝感弹药技术的开发、评估、测试的指导性文件。上述文件为北约国家提供了一套钝感弹药评估和试验方法标准体系。到现在为止，该规范已经被12～15个国家批准。

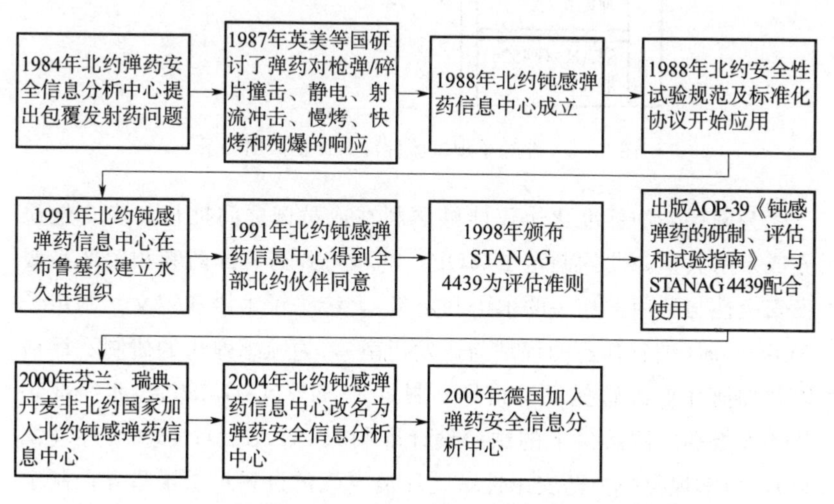

图3-1 北约常规导弹弹药安全性试验考核标准及体系发展的历程

3.1.2 北约4439标准体系

北约对常规导弹弹药寿命周期中可能遇到的各种威胁进行分析，

并将这些威胁概括归纳为安全跌落、碎片撞击、子弹撞击、慢速烤燃、快速烤燃、射流冲击、殉爆 7 种主要模式，制定了单项试验标准；此外，还规定了常规导弹弹药在这些威胁模型下的反应限度，制定了评估准则，形成了北约的钝感弹药标准体系的核心。

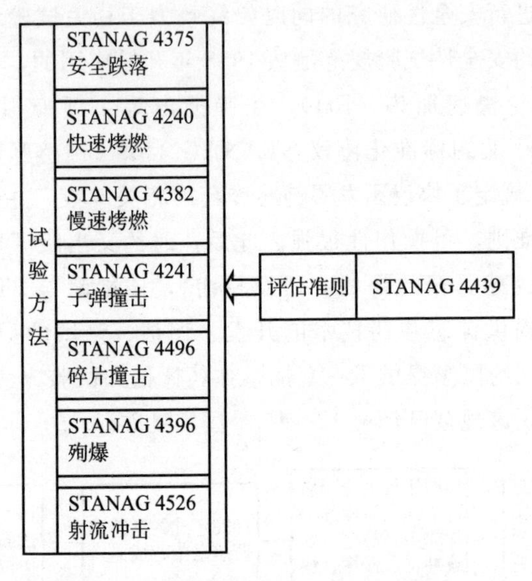

图 3-2　北约单项试验标准与评估准则关系

为确保北约标准化协议能够顺利在成员国之间推行和安全性研究成果的共享，北约制定了 AOP-38《与弹药、炸药和相关产品服役安全性与适用性相关的术语和定义》，统一了术语和定义；制定了 AOP-39《钝感弹药的评估与研发指南》，为钝感弹药的研制、评估以及如何开展试验提供了指导；制定了 STANAG 2895《北约部队装备在极端气候条件下的试验设计准则》、STANAG 4370《环境试验》，为常规导弹弹药安全性试验环境参数的设置提供了指导；制定了 STANAG 4123《军用弹药与爆炸物的分类决定》，为常规导弹弹药的安全性分类提供了指导；同时参考 TB700-2《国防部弹药和爆炸物危险性分类规程》、联合国橙皮书——《关于危险货物运输的建议书》，对安全性试验方法及分类程序进行了设置。最终形成了钝感弹药评估和试验方法标准体系。

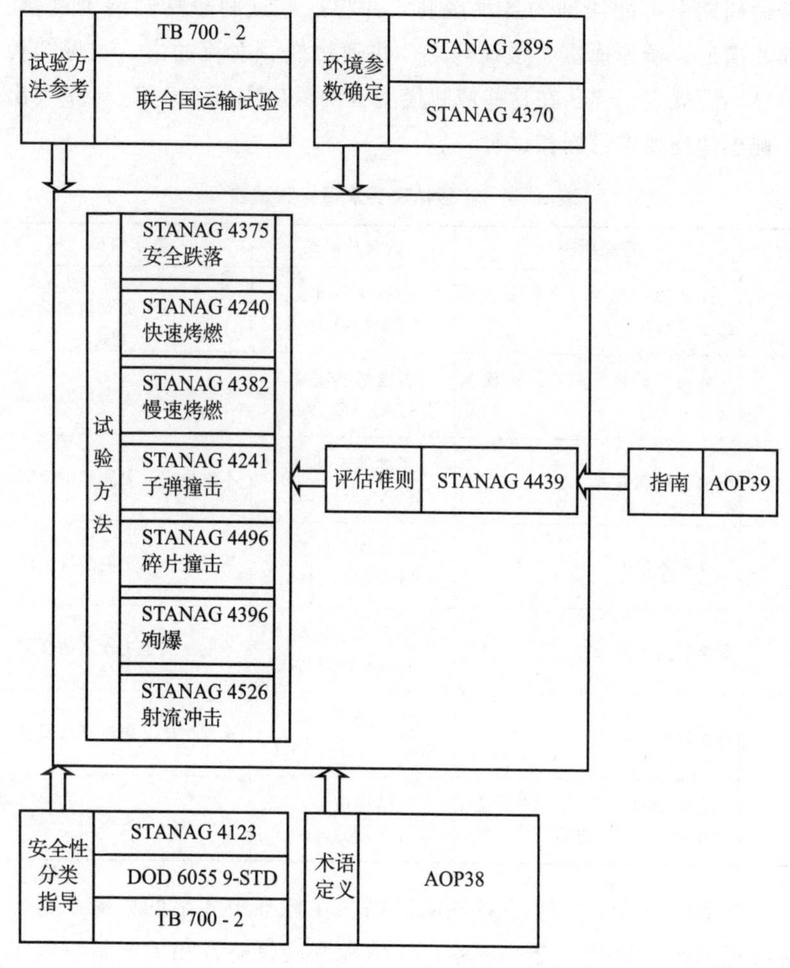

图 3－3　北约弹药安全性试验标准体系框架图

3.1.2.1　STANAG4439——钝感弹药试验、评估及政策介绍

STANAG4439 协议的目的是建立一个标准化的钝感弹药试验、评估和发展策略。STANAG4439 中确定了弹药在其寿命周期中可能遇到的一系列威胁。其中一些为常规威胁，另一些只有在极端服役

或勤务环境中才会发生。北约标准化协议 STANAG 4439 提供弹药寿命周期中可能遇到的各种威胁，并将这些威胁概括归纳为跌落、碎片撞击、子弹撞击、慢速烤燃、快速烤燃、射流冲击、殉爆 7 种模型，还规定了弹药在这些威胁模型下的反应限度。表 3-1 中列出了钝感弹药要求目标和试验。

表 3-1 钝感弹药要求目标和试验

序号	潜在威胁	试验及标准	要求目标
1	弹药库、贮存、飞行器、运载工具燃料着火	快速烤燃试验 STANAG 4240	不发生比Ⅴ更剧烈的反应
2	临近弹药库、贮存、运载工具着火	慢速烤燃试验 STANAG 4382	不发生比Ⅴ更剧烈的反应
3	小型武器攻击	子弹撞击试验 STANAG 4241	不发生比Ⅴ更剧烈的反应
4	碎片弹药攻击	碎片撞击试验 STANAG 4496	不发生比Ⅴ更剧烈的反应
5	聚能装药攻击	射流冲击试验 STANAG 4526	不发生比Ⅲ更剧烈的反应
6	装甲碎片攻击	破片撞击试验 MIL-STD-2105D	不发生比Ⅴ更剧烈的反应
7	在弹药库、贮存、飞行器、运载工具内发生爆轰	殉爆试验 STANAG 4396	不发生比Ⅲ更剧烈的反应

在 STANAG 4439 还对各成员国（在标准中签字的国家）建立标准化的钝感弹药安全性试验、评估和发展策略及相关政策进行了规定，要求各成员国在政策上发展钝感弹药，今后所有装备部队的弹药必须按照本协议详细程序进行评估和试验，才能服役于部队。

同时，该标准所列的试验可能不足以完全评估弹药对潜在威胁的响应，这一点已被逐步认识到。因此，应根据所有试验研究的相关资料、任何国家单独通过的安全性评价程序、钝感弹药（IM）评估及试验等做出最后的钝感弹药评估。

3.1.2.2　AOP-39——钝感弹药的评估与研发指南

《钝感弹药的评估与研发指南》为如何贯彻 STANAG 4439 中的钝感弹药政策并满足该协议中规定的钝感弹药要求提供指导意见。内容包括了钝感弹药评估方法、钝感弹药评估信息及报告、钝感弹药设计与研发等。

（1）钝感弹药评估程序

钝感弹药评估程序用于评估弹药在经受威胁（STANAG4439）时可能发生的响应及是否符合钝感弹药要求。钝感弹药评估如下。

①威胁种类识别

STANAG4439 中确定了弹药在其寿命周期中可能遇到的一系列威胁。其中一些为常规威胁，另一些只有在极端服役或勤务环境中才会发生。为增强弹药的协同工作能力，钝感弹药评估应涵盖以下国际认可的基准威胁范围，如表 3-2 所示。

表 3-2　威胁及基准范围

威胁	要求	基准范围
弹药库着火或飞机/运载工具燃油起火（快烤）	响应类型不超过Ⅴ型（燃烧）	平均温度在 550～850℃直至反应结束。在燃烧后 30 s 内达到 550℃
邻近弹药库或飞机起火（慢烤）	响应类型不超过Ⅴ型（燃烧）	加热速率 1～30℃/h
小型武器攻击（子弹撞击）	响应类型不超过Ⅴ型（燃烧）	3 发 AP 装甲弹，速度 400～850 m/s
碎片弹药攻击（碎片撞击）	响应类型不超过Ⅴ型（燃烧）	钢片 15 g 2 600 m/s、65 g 2 200 m/s
聚能装药攻击（射流冲击弹药）	响应类型不超过Ⅲ型（爆炸）	聚能装药口径最大 85 mm
弹药库、飞机或运载工具内发生爆轰（殉爆）	响应类型不超过Ⅲ型（爆炸）	主发装药配置须符合要求

②弹药状态识别

弹药在其寿命周期中有着不同的配置类型，如运输配置、战术配置、有引信/无引信配置等，可与相关部门负责人了解弹药的基本信息，如表 3-3 所示。

表 3-3　部门及状态信息

部门	信息
日常使用	了解弹药功能、战术用途及部署情况
后勤部门	了解弹药补给、贮存及运输状态
安全部门	了解与弹药使用、贮存、运输、部署相关的安全规范
维护部门	了解弹药检测、维护及武器平台部署情况

③评估弹药对于威胁的响应

全尺寸试验的数据统计抽样较少，不足以评估弹药在其全寿命周期中可能遇到的各种威胁。为提高钝感弹药评估的真实性，需引入危险性评估程序，以了解含能材料在经受威胁时的响应特性及其之间的相互作用情况。通过分析含能材料在经受已知各种刺激时的反应机理可以对响应类型进行预估。

危险性评估程序以流程图的形式引导用户进行危险性评估。一旦威胁被确定并量化，评估程序将给出刺激可能导向的响应“通道”。由于本评估程序以逻辑流程为基础，可反映弹药在真实环境中的反应情况，因此，比“通过/不通过”缩比危险性试验更为可靠。

危险性评估程序用于确定弹药或其部件在经受火灾、射弹撞击或其他威胁时的可能响应。通过回答“是”或“否”来确定响应类型。关系：弹药＋环境＋刺激→响应。

含能弹药的响应类型为无响应～爆轰。为完整描述反应过程，要求将含能材料的开始反应时间纳入考虑。

评估中要考虑以下因素：威胁种类及量级；弹药中含能材料(EM) 的爆炸性及敏感程度；弹药设计；组分间的相互作用；配置状态。

可用于评估的信息包括但不限于：可借鉴的相似设计；建模及分析；含能材料特性；实验室缩比试验结果；小型缩比试验及部件级试验结果；全尺寸试验结果。

危险性评估程序是确定弹药响应级别的基础，对于快/慢烤、子弹/碎片撞击、聚能装药攻击及殉爆反应，给出了简易及详细两种不同程序。简易程序适用于单一威胁分析，详细程序则对反应机理与相互作用进行了综合描述。

④获得弹药的一般钝感弹药响应特征

钝感弹药响应特征是弹药在某种配置状态下对于所有钝感弹药威胁产生的一系列响应的概括。对于不同配置状态，钝感弹药响应特征则可能不同。

在评估弹药的钝感弹药响应特性时，应从以下几个方面进行描述：

1）受试弹药及其试验配置状态描述；

2）威胁描述：慢烤、快烤、子弹撞击、碎片撞击、殉爆、聚能装药冲击（SCJI）；

3）评估的有效性范围；

4）针对各项威胁的响应类型：爆轰（Ⅰ）、部分爆轰（Ⅱ）、爆炸（Ⅲ）、爆燃（Ⅳ）、燃烧（Ⅴ）、无响应（NR）；

5）评估方法（分析和/或全尺寸试验）；

6）是否符合钝感弹药要求。

（2）钝感弹药评估信息及报告

发展钝感弹药国家应提供钝感弹药评估结果及相关支撑信息，如：爆炸物特性试验、缩比常规试验、建模信息、危险性评估、专家分析及全尺寸试验信息等。

钝感弹药评估报告包含以下几部分。

1）执行摘要：弹药含能材料、设计和包装的相关信息；弹药不同配置状态的响应特性；弹药是否符合钝感弹药要求；威胁范围的有效性。

2）弹药系统信息：弹药性能；弹药的预定用途；弹药的设计信息；含能组分，应予以详述；运输和/或存储危险性分级；STANAG4297 弹药安全性信息。

3）配置：战术配置；后勤配置；包装设计。

4）弹药危险性分析：弹药服役环境描述（寿命周期剖面）；弹药寿命周期中可能遇到的威胁描述，包括敌方和己方威胁，强调钝感弹药威胁，描述分析过程及结果。

5）支持证据：模型分析结果；试验结果。

6）钝感弹药响应特性。

（3）钝感弹药设计与研发

在系统设计与研发初期就应考虑到弹药的钝感弹药特性。为降低弹药的危险性，弹药在设计时应采用适合的含能材料，或采用钝感弹药设计技术。在弹药的研发过程中启动危险性评估程序有助于预见潜在的危险性、确定设计方案并降低现有弹药的危险性威胁。

弹药的钝感弹药设计无论对于新型弹药研发、成品改型还是弹药补给都具有重要意义，为成功实现钝感弹药的设计，最有效的方法是使用系统解决法。钝感弹药系统解决法的三个关键因素是：

1）含能材料的选择；

2）弹药壳体、惰性组件的钝感技术；

3）弹药包装的钝感技术。

①含能材料的选择

考虑因素有：成本；性能；可生产性；技术成熟度；健康与安全（环境因素，毒性等）；冲击、热和撞击感度；老化问题。确保所选含能材料对于钝感弹药刺激（冲击、热）的低易损性。

含能材料的冲击响应取决于：

1）微观结构（颗粒大小、粒度分布、颗粒形状、粒内孔隙度/空隙），决定了热点性质；

2）化学特性，决定了响应程度；

3）宏观结构（密度、固有感度、固体含量、力学性能、孔隙和裂缝），决定了响应的传播。

因此，为满足低冲击响应，含能材料应具备如下特性：

1）抗损伤性；

2）韧性：高伸长率（尤其是在低温和高负荷率环境下）、低玻璃转换温度成分；

3）低弹性模量粘合剂、良好的力学性能；

4）高比热和加热熔化聚合物；

5）低感度组分；

6）孔隙率最低。

含能材料的热响应：含能材料在受热过程中，影响响应程度的关键因素是压力增加的幅度，即增压率。压力的增加与下列动态交互有关：

1）内外燃面（含能材料受损程度）；

2）燃速（火焰传播速度）；

3）泄压（约束条件）。

影响热响应的含能材料特性包括：

1）热性能（包括：导热系数、点火温度）；

2）力学性能（含能材料在受热过程中不会产生较大变形阻塞卸压孔，导致弹药内部压力持续上升，并最终产生剧烈反应）。

②弹药设计

壳体材料的选择与设计：通过设计钝感壳体，降低响应类型。可用技术包括：

1）热障涂层技术；

2）泄压技术（自然泄压、泄压系统设计）。

含能材料装药设计考虑因素：装药尺寸、有无底隙或表面孔穴、可使用双组元装药。

③包装设计

1）降低刺激能量：机械冲击屏障；热障；冲击波屏障。

2）降低包装对弹药响应的影响；

3）降低爆炸的影响。

（4）危险性分析的应用

全尺寸试验的数据统计抽样较少，不足以评估弹药在其全寿命周期中可能遇到的各种威胁。为提高钝感弹药评估的真实性，需引入危险性评估程序，以了解含能材料在经受威胁时的响应特性及其之间的相互作用情况。通过分析含能材料在经受已知各种刺激时的反应机理可以对响应类型进行预估。

危险性评估程序用于确定弹药或其部件在经受火灾、射弹撞击或其他威胁时的可能响应。该程序可以以流程图的形式引导用户进行危险性评估。一旦威胁被确定并量化，评估程序将给出刺激可能导向的响应“通道”。只需要通过回答“是”或“否”来确定响应类型。

含能弹药的响应类型为无响应～爆轰。为完整描述反应过程，要求将含能材料的开始反应时间纳入考虑。

（5）快烤/慢烤评估程序

图 3-4 给出常规导弹弹药在典型热环境（快烤：弹药完全置于碳氢燃料火灾中，如飞机爆炸或运输火灾，火灾温度超过 800 ℃，持续时间 2 min 以上；慢烤：弹药临近区域起火，持续升温速率 3.3 ℃/h 直至弹药发生反应）下的危险性评估的逻辑程序，该程序应该包含了所有可能的响应状态。

（6）子弹撞击/碎片撞击评估程序

给出常规导弹弹药在受到子弹撞击［典型危险源为：12.7 mm AP 装甲弹，撞击速度（850±20）m/s］或碎片撞击（典型危险源为：18.6 g 圆柱形带头锥钢片）时的危险性评估的逻辑程序，该程序应该包含了所有可能的响应状态。影响弹药响应的主要因素有：弹药在约束条件下的冲击感度［冲击转爆轰或冲击超爆（SDT）］、含能材料的封闭程度、含能材料受损情况及含能材料的爆燃转爆轰感度。

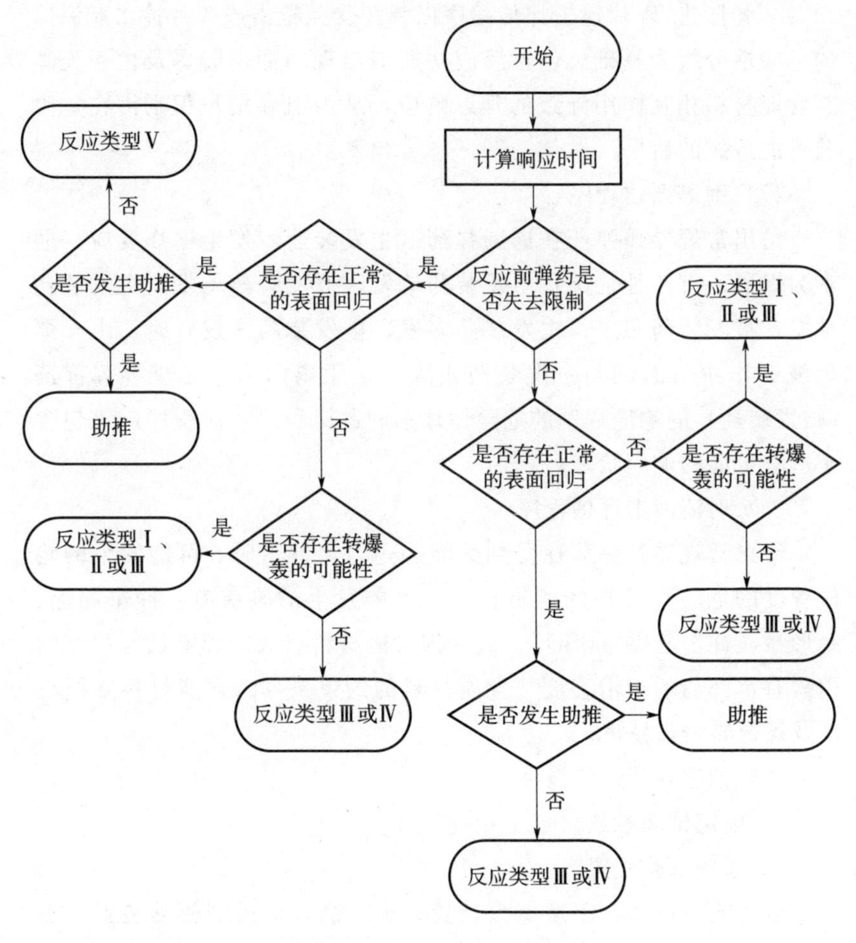

图 3-4　快烤/慢烤评估程序

注：

应模拟反应时间，如评估带包装弹药时，要考虑到包装的绝热作用。

弹药失去限制指弹药壳体材料弱化（因燃烧、熔化、软化与/或热膨胀），含能材料/衬层高温分解或燃烧产物在（或接近）环境压力下排出。

应考虑熔化或软化后的含能材料状态及可能产生的压流。

含能材料的评估应在规定的压力、温度范围中进行。在本文中，正常表面回归指含能材料的破裂或高温分解未引起对流燃烧或燃面扩大。

若含能材料的燃烧产物通过弹药壳体表面裂纹或小孔排出，就必须考虑推进的可能性。

评估爆燃转爆轰（DDT）的可能性时，应考虑含能材料的最坏使用状态（纯度、孔隙度、温度和初始压力）。

子弹撞击/碎片撞击评估程序以弹药受到枪击或碎片撞击刺激时的危险性分级为基础。包含反应初期即出现的冲击起爆及由于壳体与含能材料相互作用导致的延迟响应，从而引导用户识别潜在危险及可能造成的后果。

（7）殉爆评估程序

给出常规导弹弹药在周围弹药（主发装药）发生爆炸反应（通常为爆轰，有三种情况：主发装药单发，被发装药单发；主发装药单发，被发装药多发；主发装药多发，被发装药多发）时，由于爆轰波的作用引起的与主发装药相隔一定距离的另一常规导弹弹药（被发装药）的响应程度的危险性评估的逻辑程序，该程序应该包含了所有可能的响应状态。

（8）射流冲击评估程序

给出常规导弹弹药在受到聚能装药射流冲击时，可能发生的响应程度的危险性评估的逻辑程序，可能发生的响应有：冲击起爆、弓形激波冲击起爆（BSDT）或受损含能材料点火。影响反应程度的因素有：弹药的冲击感度、含能材料的约束条件、含能材料受损程度及爆燃转爆轰感度。

（9）钝感弹药试验设计

1）确定试验参数。

2）选择试验配置。

包装或未包装：小型烟火装置、火工品、推进剂驱动装置、小型武器及弹药在其寿命周期的大部分时间都处于包装状态，因此在进行钝感弹药危险性试验时，试件都应采用包装配置。大型弹药，应根据危险性分析确定其试验配置。一般的，撞击危险性试验采用未包装配置；由于慢烤试验在一个封闭的试验箱中进行，这本身会掩盖一些反应效果，若采用包装配置，则可能无法对响应做出准确评估。在这种情况下，为尽可能多地获取有用信息，应采用未包装配置进行试验。

部件级试验或战备弹（全弹）试验：选择进行部件级或战备弹

试验首先取决于弹药的尺寸，小型弹药通常进行包装配置的战备弹试验，对于同时具备弹头和发动机的大型弹药才会进行部件级试验。快/慢烤试验：部件级试验更能反映主要部组件的响应程度。但仍需进行战备弹试验。撞击试验（子弹撞击、碎片撞击、聚能装药射流冲击）：通常进行部件级试验，若发生激烈响应，则应进行战备弹试验。殉爆试验：部件级试验。

3）试验考虑因素。

目标/撞击点。进行撞击试验（子弹撞击、碎片撞击、聚能装药射流冲击）时，目标点应选择在敏感度最高的部位（如发动机点火系统、弹头传爆装置）及主装药部位。

起爆方式。殉爆试验中，主发装药的起爆方式：a）弹头：解除安全机构，传爆药电点火；b）火箭发动机：聚能装药击穿壳体后，撞击推进剂起爆。

限制措施。为防止弹药因刺激产生推进对试验设备及人员造成伤害，应采取必要的限制措施，如采用混凝土围栏或将弹药夹固在试验台上，或采用牵引装置进行固定，如钢链或电缆。无论采用何种方式，应保证限制措施不会影响弹药的响应程度。应注意：围栏或间隔物会影响爆轰波超压及碎片抛射的测量。

4）预调节。

全尺寸钝感弹药试验通常在环境温度下进行，也可根据需要对温度进行高、低温的预调节。应注意的是，试件在高、低温下的响应程度可能不同，如含能材料及壳体在低温下会发生脆化，在高温下会发生软化。当危险性分析表明威胁可能发生在特定高温或低温环境时，应根据分析进行相应的温度调节。

5）标记。

在进行殉爆试验前，对主发装药与各个被发装药进行不同的颜色标记，便于试验后残片的区分。

6）无响应试件的再利用。

进行过撞击试验的试件若无响应发生，且弹药损害不影响后续试验，可在撞击试验中重复使用。

7）试验仪器的选择与记录。

a）快烤。快烤试验需要测量火焰温度并确定反应发生的时间点。需测量：火焰温度到达 550℃的时间、550℃到反应结束时的平均温度，为保证试验有效，平均温度应超过 800℃。使用至少 4 个热电偶进行测量，采样率>0.2 Hz。建议使用铠装 K 型热电偶（镍铬—镍铝），可承受 1 200℃高温。

b）慢烤。慢烤试验需要测量试件表面温度与试验箱内部空气温度、热通量、冲击波超压、反应传播速度（通常采用电离探头，可预测是否会发生爆轰）、碎片抛射速度和质量、推力（若试件发生推进反应），并对全过程进行摄像。

（10）钝感弹药试验的开展

1）试验布局与试前/试后处理：按照试验指南与相关标准进行试验布局。预估弹药的可能响应类型、残片的尺寸及分布情况，据此选择试验场地。

2）测量与记录：按照试验指南设置测量仪器，试验前对仪器进行校准，对电缆及布线采取保护措施，防止因爆炸反应造成的连接中断、数据丢失等情况。

3）试验摄像：使用高清摄像、高速摄像、红外摄像和普通录像进行拍摄，记录安全性试验全过程。

4）检验试验执行情况及目标的实现情况：试验后，通过对试验录像、残余试件、试验数据的分析，确定试验过程是否满足设计要求，并判定试件是否满足安全性要求。

（11）弹药响应的解释

弹药响应的解释见表 3-4。

表3-4 弹药响应的解释

响应	含能材料	壳体	爆炸	碎片或含能材料抛射	其他
爆轰（Ⅰ型）	一旦反应发生，所有含能材料瞬间消耗	壳体发生快速的塑性变形，产生大范围高速剪切碎片	冲击波的幅值及时间尺度等于计算值或标定试验实测值	穿孔、碎裂和/或验证板塑性变形	地面弹坑大小与弹药含能材料含量有关
部分爆轰（Ⅱ型）		部分，但不是全部壳体发生快速地塑性变形，产生大范围高速剪切碎片	冲击波的幅值及时间尺度小于计算值或标定试验实测值	穿孔、塑性变形和/或相邻金属板碎裂；燃尽或未燃尽的含能材料广泛分布	地面弹坑大小与发生爆轰的含能材料含量有关
爆炸（Ⅲ型）	一旦反应发生，所有或部分含能材料快速燃烧	金属壳体碎片较大，广泛分布	试验测得的压力波峰值远远小于标定试验实测值	验证板损坏；燃尽或未燃尽的含能材料广泛分布	造成弹坑
爆燃（Ⅳ型）	所有或部分含能材料发生燃烧	壳体破裂	压力随时间、空间变化	燃尽或未燃尽的含能材料抛射距离通常＞15 m	所产生推力可能将弹药推进至15 m以外
燃烧（Ⅴ型）	所有或部分含能材料低压燃烧	壳体可能发生破裂	压力不明显	燃尽或未燃尽的含能材料抛射距离通常＜15 m	未发现产生推力的证据
无响应（Ⅵ型）	无响应	无响应	无	无	无

此外，还应该确定快烤、慢烤、枪击、碎片撞击、殉爆、射流冲击试验中应该注意的事项，包括试验中试件的状态、试验条件，对试验设备的要求，试验应该测试的参数，以及需要观察和记录的信息。

3.1.2.3　AOP-38——术语和定义

AOP－38是与弹药、炸药和相关产品服役的安全性和适宜性相关的术语和定义的词汇表。这个术语表包含北约组织安全性工作相关的专业词汇的首字母缩写、术语及其定义。

这项工作包括含能材料、起爆系统和弹药系统的安全性；弹药运输、存储、处理和操作安全性；与 AC/326 工作相关的主题。但不包括与核、生物和化学武器相关的主题。

这个词汇补充了北约的术语和定义的词汇表 AAP－6，它列出了一般应用在北约文件的术语和定义。在 AAP－6 中制定的北约术语政策和来自北约术语协调者的指导尽可能被遵循。

3.1.2.4 单项试验标准

（1）STANAG 4240《液体燃料/外部火灾弹药试验程序》

快速烤燃试验，也称为液体燃料点火试验（LFF）或快速加热试验（FH），见图 3－5。在试验中，弹药在液体燃料火焰中被快速加热，使弹药中的含能材料产生热分解，然后测试弹药壳体或容器在压力达到可爆炸或爆轰的水平时卸压的能力。

图 3－5 快速烤燃试验

（2）STANAG 4382《慢速烤燃试验程序》

慢速烤燃，也被称为慢速加热（SH）。在试验中，弹药经受 3.3℃/h 的缓慢加热升温，直到弹药开始发生反应。图 3－6 为某型号发动机慢速烤燃试验的装置示意图。慢速烤燃与快速烤燃同样是试验含能材料的热分解及转化为爆燃转爆轰反应的潜在可能，但前者可能的反应会剧烈得多。

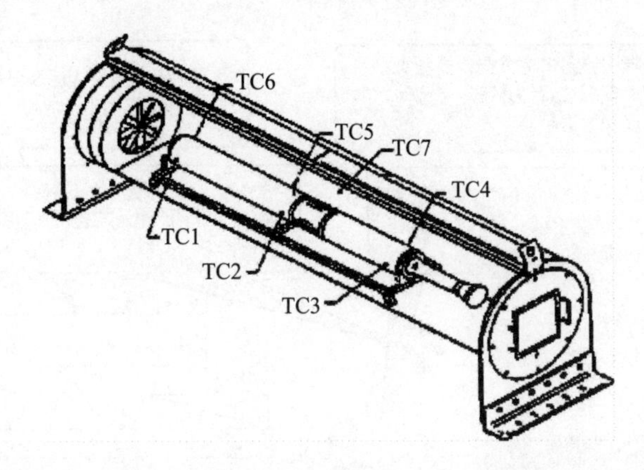

发动机安装在一个容器中，容器一边进入热空气，一边流出热空气，通过空气加热为发动机提供一个40～365℃范围内的可控热环境，发动机每边至少要留有200 mm的间隙，按照3.3℃/h发动机温度的线性速率升高直至破坏。采用温度记录装置连续监测温度或至少每10 min监测一次

图3-6 慢速烤燃试验

（3）STANAG 4241《子弹撞击试验程序》

子弹撞击试验用以确定常规导弹弹药对子弹攻击的反应。试验中，受测试的弹药将经受1～3发12.7 mm穿甲弹的射击。图3-7为子弹撞击试验的示意图。试验仪器测量出子弹的飞行速度，以及填充炸药是否出现延迟爆轰反应，以验证弹药壳体的卸压能力。

（4）STANAG 4496《碎片撞击试验程序》

碎片撞击试验用来模拟空心装药战斗部或动能弹药击穿坦克及装甲车辆装甲板后，形成的射流及装甲背板破片对弹药的影响，以及导致弹药出现冲击起爆和延迟爆轰反应的可能性。碎片撞击试验的示意图见图3-8。

（5）STANAG 4396《殉爆试验程序》

殉爆，也称为感应反应（SR）。试验通常模拟装在同一弹药标准托架中的一枚弹药被引爆时，其他弹药在经受冲击波和多发破片冲击下，出现冲击起爆和延迟爆轰反应的可能性。殉爆试验示意图见图3-9。

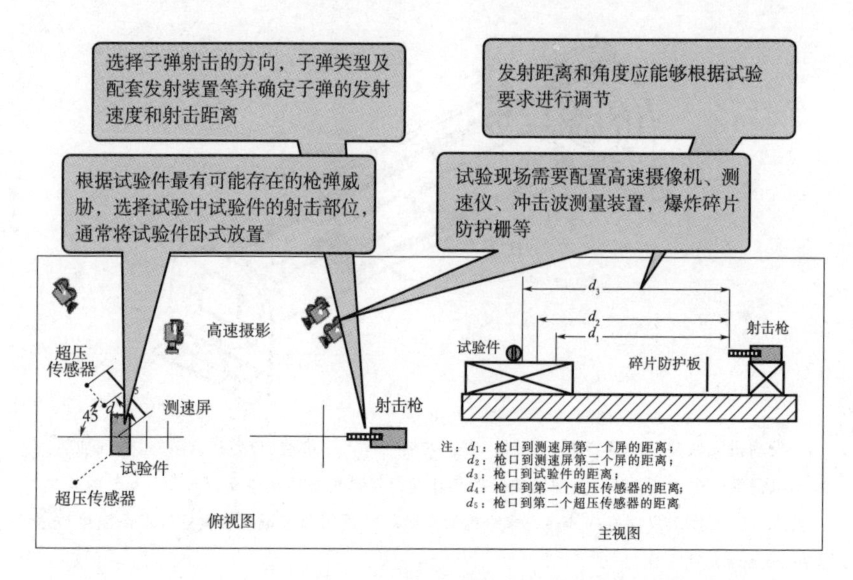

图 3-7 子弹撞击试验

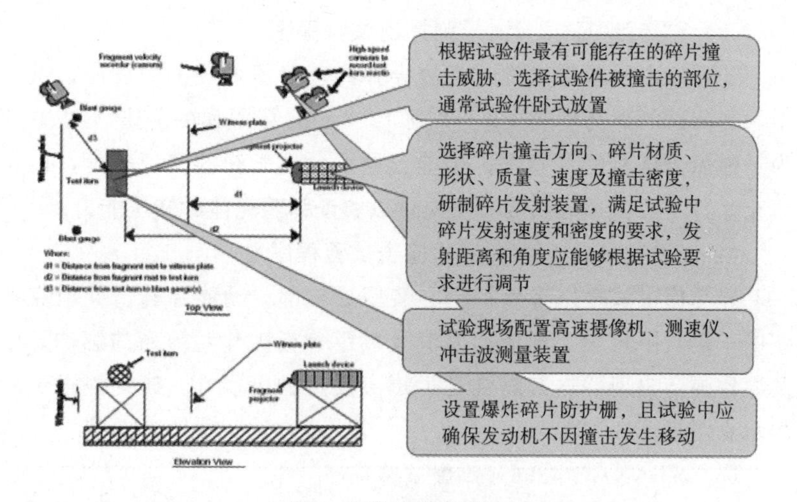

图 3-8 碎片撞击试验

(6) STANAG 4526《射流冲击弹药试验程序》

聚能装药射流冲击试验，通常模拟弹药经受典型的空心装药战

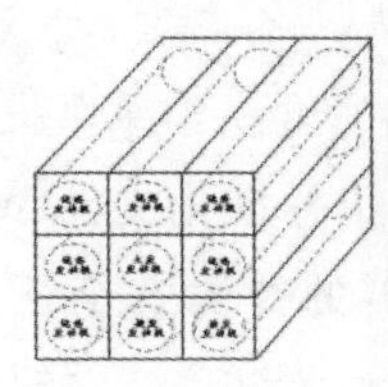

图 3－9 殉爆试验

斗部的攻击，测试弹药经受局部强烈气流冲击而引发冲击起爆或延迟爆轰的可能性。射流冲击试验示意图见图 3－10。

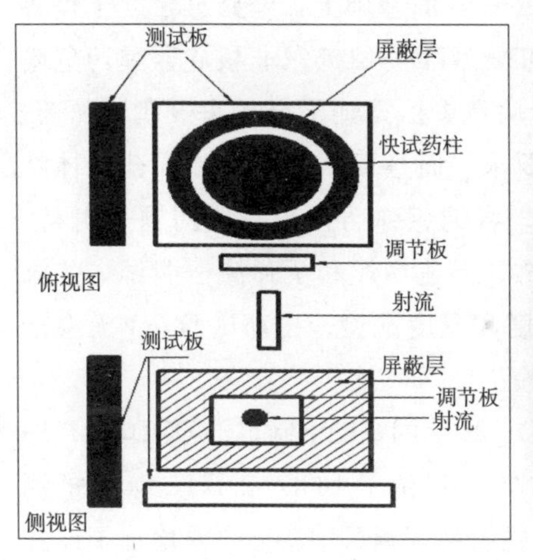

图 3－10 射流冲击试验

3.2　美国安全性考核试验标准体系

3.2.1　美国安全性考核试验标准体系的发展历程

常规导弹弹药在其最初研制生产阶段就面临着安全性研究，一些材料、部件级的安全性标准也由此诞生，但这些标准不涉及常规导弹弹药安全性试验考核。最早涉及常规导弹弹药安全性试验考核的标准应该追溯到 20 世纪 50 年代，美国针对一系列发射药安全事故，提出了低易损性发射药的概念，并形成了一系列试验规范。

20世纪60年代，数起弹药爆炸事故引发人们对常规导弹弹药贮存和使用安全性的重视。1964年，美国海军发布了标准化文件WR—50《海军武器要求空中、水面和水下发射武器的弹头安全性测试》，规定了对于非核武器的常规弹头需进行安全性测试，文件规定了测试方法，同时规定了最低的可接受安全程度。这是第一个兼有测试方法和通过标准的文件，测试内容包括了快速烤燃、慢速烤燃和子弹撞击的全部测试内容。

1982年，美国国防部在WR—50的基础上，经修订建立了世界上第一个钝感弹药军用标准DOD—STD—2105《非核武器弹药危险性评估标准》，标准的适用范围从弹头扩充到了全部非核武器弹药，不仅要求含能材料应满足钝感要求，而且要从常规导弹弹药总体结构和材料等方面入手研究改进，将钝感弹药视为系统问题来对待。该标准更明确地定义了快速烤燃、慢速烤燃和子弹撞击测试，并添加了基本的安全测试：28天温度和湿度试验、振动试验、4天温湿度循环试验和12m安全跌落试验。

1989年，美国在DOD-STD-2105的基础上制定了DOD-STD-2105。1991年的DOD-STD-2105A保留了DOD-STD-2105的测试，但是将基本安全性能测试从钝感弹药测试中移出，并增加了碎片撞击、殉爆、射流冲击和破片冲击，同时，合格判据和反应强度水平被纳入到该标准中。1994年的DOD-STD-2105B重新定义了一些检测要求，使标准的适用范围更加广泛。2003年的DOD-STD-2105C在钝感弹药测试中增加了破片冲击试验，给出了典型试验序列，并提出了42项附加安全性试验。目前的DOD-STD-2105D较为全面地囊括了常规导弹弹药可能遭遇的各种威胁，包括基本安全试验、钝感弹药安全性试验（快速烤燃、慢速烤燃、子弹撞击、碎片撞击、殉爆、射流冲击等）、附加安全性试验（将破片冲击试验从钝感弹药试验中移除，纳入到附加安全性试验），以及判定标准等要求。图3-11为美国安全性考核试验标准体系的发展历程图。

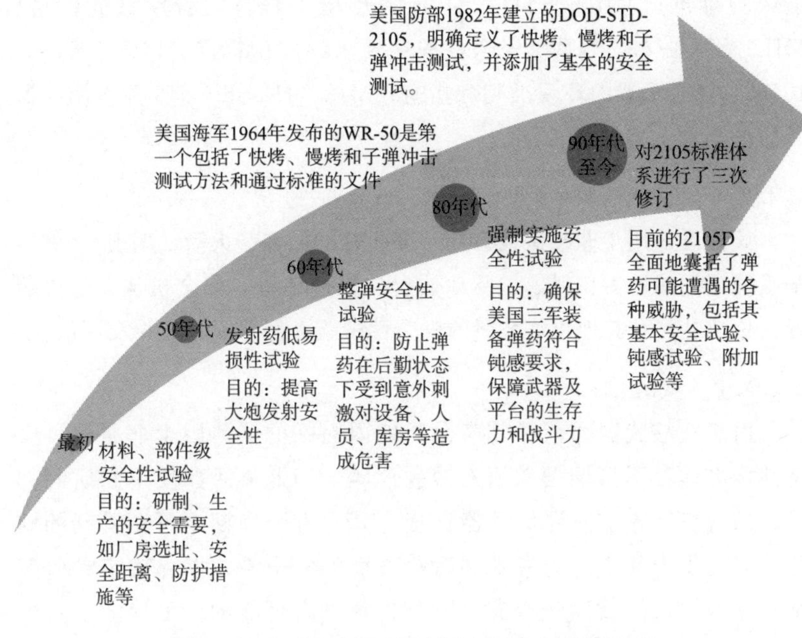

图 3－11 美国安全性考核试验标准体系发展历程

3.2.2 标准体系

美国的 DOD－STD－2105 非核弹药危险评估试验标准体系借用北约标准，构成安全性系列标准。该标准体系以美军标 2105D（2011 版）为框架，包括美军标 2105D 及 8 项北约标准化协议，试验项目包括 4 项基本安全试验、6 项钝感弹药安全性试验和 42 项附加安全性试验，这 52 项试验项目和 25 项标准形成了 2105 标准体系的核心。图 3－12 为该标准体系简图。

除北约钝感弹药标准体系所涉及的标准外，2105 标准体系还引用了如下标准：MIL－STD－167/1 为舰载设备的机械振动（类型Ⅰ环境振动和类型Ⅱ自激振动）标准；MIL－STD－167/2 为舰载设备的机械振动（类型Ⅲ往复式机械振动、类型Ⅳ推进系统振动、类型Ⅴ轴系振动）标准；MIL－STD－331 为引信及引信组件，环境和性能试验标准；MIL - STD - 810F 为环境工程及实验室试验标准；MIL - STD - 882 为系统安全性程序要求的实施标准；MIL - STD - 1670 为空射武器的环境准则和指南；MIL - HDBK - 310 为军用武器产品的全球气候数据标准。

3.2.2.1 适用范围

该标准适用于非核武器弹药（即所有的导弹、火箭、烟火）、弹药子系统（例如弹头、引信、驱动装置、推进装置、安全机构、烟火装置、化学品）和其他爆炸装置的安全性试验、低易损性试验及评估。

3.2.2.2 裁剪准则

由于非核武器弹药在其寿命周期内面临的威胁因素非常多，安全性标准体系不可能覆盖所有威胁因素。因此，武器使用和研制部门、试验机构应全面评估武器系统在其全寿命周期内可能受到的威胁，以及受到威胁时的战术和后勤方面的安全性，以此确定参照安全性标准体系的试验是否充分，并选择最有可能的、可信的及对生命、财产或战斗力造成最大伤害的激励，调整试验项目及确定试验参数，并提供相关数据以支持评估。

3.2.2.3 通用要求

分析寿命剖面：应首先分析武器弹药整个寿命周期中最坏的情况和环境条件，确定威胁因素（激励）的性质、大小、产生的原因。

编制试验计划：根据弹药寿命剖面分析结果确定试验项目（包括调整的试验项目），编入试验计划。

危险评估：确定上述威胁因素可能对常规导弹弹药造成的后果。

确定试验参数：根据危险评估结果选择试验参数。

3.2.2.4 试验项目

美国的 DOD - STD - 2105D 非核弹药危险评估试验标准共包括了四项基本安全试验、六项钝感弹药安全性试验及附加试验（见表 3 -5）。其中安全跌落、快速烤燃、慢速烤燃、子弹撞击、殉爆试验对危险分类具有潜在适用性。

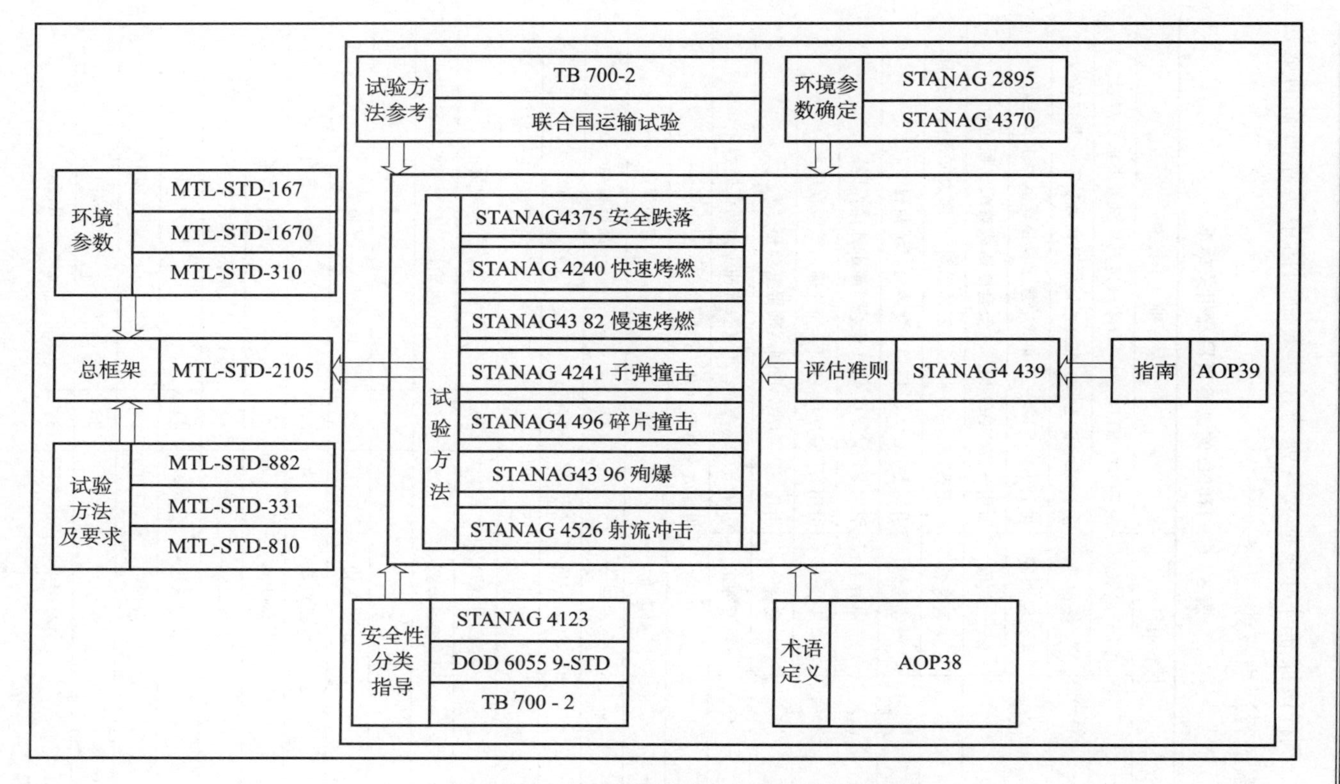

图 3－12　美国非核弹药危险评估试验标准体系框架图

执行该标准时可根据武器弹药在其寿命剖面中实际面临的威胁因素进行适当裁剪。

表 3-5　2105D 的试验项目及相关标准

序号	试验项目		标准（子标准）
1	基本安全试验	28 天温湿度	在 DOD-STD-2105D 中规定具体试验要求及规程
2		振动	在 DOD-STD-2105D 中规定具体试验要求及规程
3		4 天温湿度	在 DOD-STD-2105D 中规定具体试验要求及规程
4		安全跌落	引用 STANAG 4375《安全跌落武器试验程序》
5	钝感弹药安全试验	快速烤燃	引用 STANAG 4240《液体燃料/外部火灾弹药试验程序》
6		慢速烤燃	引用 STANAG 4382《慢速烤燃试验程序》
7		子弹撞击	引用 STANAG 4241《子弹撞击试验程序》
8		碎片撞击	引用 STANAG 4496《碎片撞击试验程序》
9		殉爆	引用 STANAG 4396《殉爆试验程序》
10		射流冲击	引用 STANAG 4526《射流冲击弹药试验程序》
附加安全试验（共 42 项）			
1	加速度	22	意外释放
2	声学	23	高空模拟
3	气动加热	24	跌落
4	闪电	25	防爆
5	弹射、拦截着陆	26	故障单元
6	双馈弹药	27	电磁辐射对军械的危害
7	粉尘	28	湿度
8	电磁干扰	29	投弃
9	电磁辐射	30	泄漏—浸泡
10	电磁脉冲	31	材料相容性
11	电磁漏洞	32	炮击/炮击安全距离
12	静电放电	33	压力点火
13	浸泡	34	X 射线辐射
14	霉菌	35	冲击
15	热枪烤燃	36	太阳辐射

续表

16	盐雾	37	空间模拟—无人驾驶试验
17	颠簸	38	静态雷管安全
18	搀杂	39	爆炸分离冲击
19	泄漏检测—卤素氦	40	毒气
20	加压	41	振动
21	雨淋	42	破片撞击试验

（1）基本安全试验

①28 天温湿度试验

试验中，试验样本暴露在以 24 h 为一个高、低温循环周期的温度环境中，试验持续 28 天，每次高低温转换时间不超过 30 min。其温度范围和相对湿度由其寿命周期环境剖面获得。至少使用三个试验样本。并规定了试验中断情况的处理、试验观测记录的参数及通过准则。

②振动试验

试验中，根据寿命周期环境剖面确定试验样本振动条件（如：车载、舰载、机载）。试验至少使用三个试验样本，并规定了试验观测记录的参数及通过准则。

③4 天温湿度试验

试验中，试验样本暴露在以 24 h 为一个高、低温循环周期的温度环境中，试验持续 4 天，每次高低温转换时间不超过 30 min。其温度范围和相对湿度由其寿命周期环境剖面获得。至少使用三个试验样本。并规定了试验中断情况的处理，试验观测记录的参数及通过准则。

④安全跌落试验

安全跌落试验方法引用了北约标准化协议 STANAG 4375《武器安全跌落试验程序》，该协议的目的是提供一个标准的试验程序来评估武器的自由跌落效果，验证武器是否可以经受住跌落到硬表面的剧烈冲击并仍保持安全状态。图 3 - 13 为某试验中心的跌落装置图。

图 3-13　安全跌落试验装置图

(2) 钝感弹药安全试验

包括子弹撞击试验、碎片撞击试验、快速烤燃试验、慢速烤燃试验、殉爆试验、射流冲击试验共六项，试验具体标准引用了北约4439 标准体系中的钝感弹药安全性考核试验标准。

(3) 附加安全性试验

在 DOD-STD-2105D《非核弹药危险评估试验标准》中列出了如下 42 项附加安全性试验，具体试验项目见表 3-5，并对破片冲击试验进行了详细地介绍。

在破甲装药射流碎片冲击试验中考虑射流碎片以确定弹药的响应，依据危险性评估确定试验的适用性。

①试件状态

使用裸弹药作为试验项目。试验至少有两个样本。

②试验安装

图 3-14 为典型的破片撞击试验装置图。由 81 mm 的精密成型装药破甲射流撞击 25 mm 厚的轧制均质装甲产生射流碎片。精密成型装药和轧制均质装甲距离 147 mm。试验件放置在轧制均质装甲

后，并仅受到射流碎片冲击影响。在试验件位置上射流碎片密度最小为 4 个/6 450 mm^2，总数多达 40 个。试验应进行标定，以确定试验件安装位置，提供必要的射流碎片打击密度。

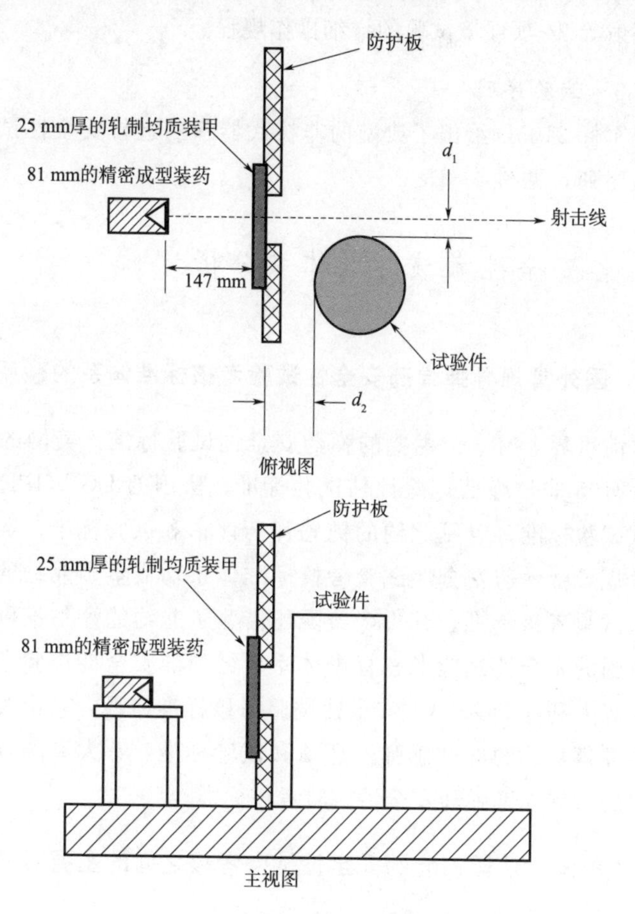

图 3-14　典型破片撞击试验装置图

③通过准则

没有出现持续燃烧。对于陆军试验件，通过标准取决于系统易损性要求和安全性评估。

虽然 DOD-STD-2105D《非核弹药危险评估试验标准》仅给

出破片撞击试验方法，没有给出其他 41 项试验的具体程序或参照标准，但在标准的参考文献中包含了 MIL - STD - 810F《环境工程及实验室试验》，该标准中规定了湿度、低气压（高空模拟）、盐雾、太阳辐射等 24 项环境试验的详细操作规程。

3.2.2.5　试验序列

美军标 2105D 给出了典型的非核武器弹药进行安全性试验考核的试验序列，见图 3 - 15。

3.3　各安全性考核标准体系分析

3.3.1　国外常规导弹弹药安全性试验考核标准体系的联系

目前世界上有 3 个主要的弹药安全性试验标准：美国的 MIL—STD—2105 非核弹药危险评估试验标准、法国的 DGA/IPE 弹药需求测试试验标准，以及北约的钝感弹药评估和试验标准。美国、法国的常规导弹弹药安全性试验考核标准体系均借鉴了北约的钝感弹药单项试验考核标准。其中，美国还借鉴了北约的评估准则。此外还有英国的安全性试验考核标准体系、德国的安全性试验考核标准体系、意大利的 DG - AT 安全性试验考核标准体系。其中英国和德国借鉴并遵从北约的钝感弹药评估和试验标准，意大利融合了北约和法国的常规导弹弹药安全性试验考核标准。

3.3.2　美国、法国、北约安全性试验考核之间的主要区别

（1）试验考核的项目不同

在法国安全性试验考核标准体系中，钝感弹药的安全性试验主要包括九项试验；北约安全性试验则包括 7 项试验；美国的 MIL—STD—2105 非核弹药危险评估试验标准则包含了 4 项基本安全试验、6 项钝感弹药安全性试验和 42 项附加试验，其中 6 项钝感弹药安全性试验为核心，详见表 3 - 6。

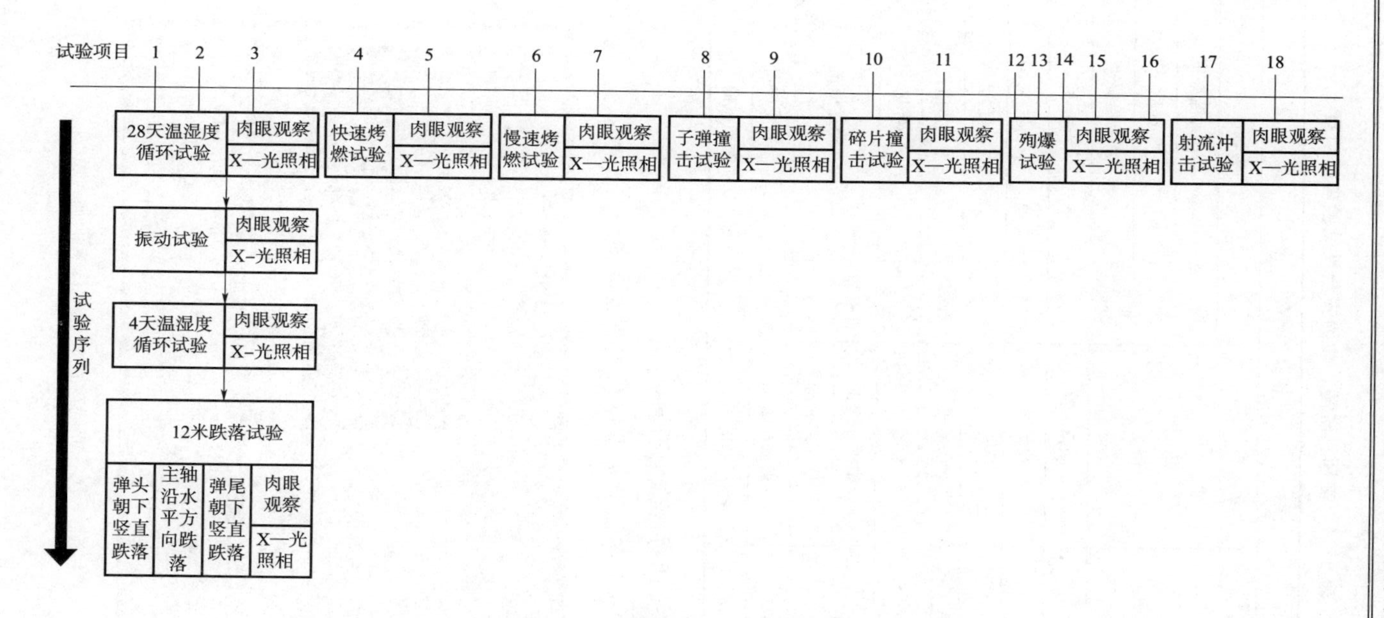

图 3－15　典型试验项目及试验序列

表 3－6　美国、法国、北约安全性试验考核项目

试验类型			
北约	法国	美国	
		基本安全试验	28 天温湿度
		基本安全试验	振动
		基本安全试验	4 天温湿度
跌落	跌落	基本安全试验	跌落
快烤	快烤	钝感弹药安全性试验	快烤
慢烤	慢烤	钝感弹药安全性试验	慢烤
子弹撞击	子弹撞击	钝感弹药安全性试验	子弹撞击
殉爆	殉爆	钝感弹药安全性试验	殉爆
碎片撞击	轻型碎片撞击	钝感弹药安全性试验	碎片撞击
碎片撞击	重型碎片撞击	钝感弹药安全性试验	碎片撞击
射流冲击	射流冲击	钝感弹药安全性试验	射流冲击
	静电	42 项附加试验	

(2) 试验通过的准则不同

图 3－16 为各试验标准体系的通过准则。

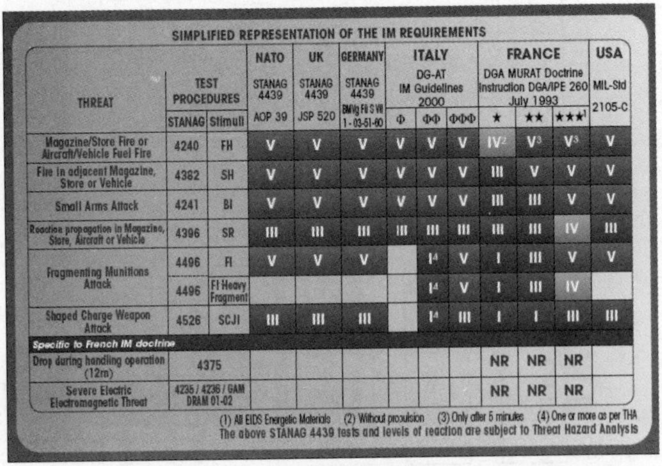

SIMPLIFIED REPRESENTATION OF THE IM REQUIREMENTS

THREAT	TEST PROCEDURES		NATO	UK	GERMANY	ITALY DG-AT IM Guidelines 2000			FRANCE DGA MURAT Doctrine Instruction DGA/IPE 260 July 1993			USA
			STANAG 4439	STANAG 4439	STANAG 4439							MIL-Std 2105-C
	STANAG	Stimuli	AOP 39	JSP 520	BMVg Fü S VII 1-03-51-60	Φ	ΦΦ	ΦΦΦ	★	★★	★★★[1]	
Magazine/Store Fire or Aircraft/Vehicle Fuel Fire	4240	FH	V	V	V	V	V	V	IV[2]	V[3]	V[3]	V
Fire in adjacent Magazine, Store or Vehicle	4382	SH	V	V	V	V	V	V	III	V	V	V
Small Arms Attack	4241	BI	V	V	V	V	V	V	III	III	V	V
Reaction propagation in Magazine, Store, Aircraft or Vehicle	4396	SR	III	III	III	III	III	III	III	III	IV	III
Fragmenting Munitions Attack	4496	FI	V	V	V		I[4]	V	I	III	V	V
	4496	FI Heavy Fragment					I[4]	V	I	III	IV	
Shaped Charge Weapon Attack	4526	SCJI	III	III	III		I[4]	III	I	I	III	III
Specific to French IM doctrine												
Drop during handling operation (12m)	4375								NR	NR	NR	
Severe Electric Electromagnetic Threat	4235 / 4236 / GAM DRAM 01-02								NR	NR	NR	

(1) All EIDS Energetic Materials　(2) Without propulsion　(3) Only after 5 minutes　(4) One or more as per THA

The above STANAG 4439 tests and levels of reaction are subject to Threat Hazard Analysis

图 3－16　北约各试验标准体系的通过准则

从图 3 - 16 中可以看出法国 DGA/IPE 弹药需求测试试验标准对弹药的安全性分三个级别，对于要达到三星的弹药，其要求与美国和北约的标准不同，法国标准中殉爆的通过准则为反应剧烈程度不超过Ⅳ级，美国和北约的标准殉爆的通过准则为反应剧烈程度不超过Ⅲ级。

表 3 - 7 为法国 DGA/IPE 弹药需求测试试验标准中弹药安全性试验的通过准则。

表 3 - 7　法国 DGA/IPE 弹药需求测试试验标准中弹药安全性试验的通过准则

试验类型	无响应	Ⅴ	Ⅳ	Ⅲ	Ⅱ	Ⅰ
静电	☆☆☆					
跌落	☆☆☆					
快烤	☆☆☆	☆☆☆	☆			
慢烤	☆☆☆	☆☆☆	☆	☆		
子弹撞击	☆☆☆	☆☆☆	☆	☆		
殉爆	☆☆☆	☆☆☆	☆☆☆	☆		
轻型碎片撞击	☆☆☆	☆☆☆	☆☆	☆☆	☆	☆
重型碎片撞击	☆☆☆	☆☆☆	☆☆☆	☆☆	☆	☆
射流冲击	☆☆☆	☆☆☆	☆☆☆	☆☆☆	☆	☆

☆☆☆ MURAT*** ☆☆ MURAT** ☆MURAT*

每项试验类型又包括如下可能的使用环境：

1）使用条件：和平时期/恐怖主义威胁/敌国攻击；

2）舰船所处的位置：海军基地/深海；

3）弹药状态：弹药库/预备室/甲板上。

为了保证其评估的可靠性，在法国的钝感弹药的安全性试验中对上述使用环境均做考核研究，并按照弹药在所有使用环境下最剧烈的反应，对弹药进行评级（根据反应给与响应的星级）。

第4章　安全性试验技术

4.1　安全性试验的目的与分类

4.1.1　试验目的

常规导弹弹药安全性是其在运输、吊装、贮存、发射技术阵地总检、值勤等使用全过程中的安全性。包含两个基本内容：一是使用全过程中因发生冲击、撞击、跌落、振动、高温、静电、雷击和电磁辐射等，常规导弹弹药受到外界机械、环境力的作用产生燃烧、爆炸、爆轰的可能性、诱发条件及阈值大小。二是常规导弹弹药发生燃烧、爆炸、爆轰等意外造成的危害程度。

安全性试验就是要模拟弹药在现实中可能出现的意外情况，例如火灾、意外跌落等，考核导弹武器的安全性，从而设计和防护甚至是该武器能否装备部队使用提供依据。

对整弹的安全性试验通常有如下几个目的：

1）该型号导弹（或弹药）是否满足钝感弹药要求，能否被军方采购和装备；

2）该型号导弹（或弹药）在吊装转运、运输、装备待命等状态下的包装及防护配置、堆放距离、角度等要求，并依此设计弹药架；

3）如果涉及到某常规导弹弹药的改型和升级，对其各部件的改进和替换提出合理的意见和建议。

安全性试验在弹药子系统中的应用多集中在弹头、推进装置（固体火箭发动机）两个大的子系统，此外在炸药、推进剂、壳体材料等的研究中，国外也进行了大量安全性试验。对子系统和含能材料、壳体材料的安全性试验通常有如下几个目的：

1）通过对炸药、推进剂等含能材料及壳体材料的钝感弹药研究（包括试验），实现在提升常规导弹弹药性能（战斗威力）的同时，确保其在后勤状态下更安全，为武器的研制和装备打下基础；

2）通过对含能材料、壳体材料的钝感弹药研究（包括试验），为弹药的改进和升级提出合理的意见和建议；

3）通过对子系统及部件的研究，确定该子系统能否满足钝感弹药需求，能否装备部队。

4.1.2　试验分类

安全性试验从武器的使用状态分为勤务安全性试验和战时安全性试验。勤务安全性试验主要考核常规导弹弹药在存储、运输、吊装、维护、操作等勤务过程中环境刺激对常规导弹弹药安全性的影响；作战安全性试验主要考核作战环境下，由于受到敌方武器攻击导致的平台起火、临近飞机或弹药库起火、子弹攻击、临近武器或平台发生爆炸对常规导弹弹药安全性的影响。

安全性试验从武器所受环境力的性质分为热安全性试验（包括快速烤燃、慢速烤燃），机械力安全性试验（跌落、子弹撞击），冲击波安全性试验（殉爆试验），静电放电安全性试验，电磁安全性试验等。

4.2　跌落试验

跌落试验考核常规导弹弹药及其子系统（以下简称：试件）在吊装装运意外跌落、导弹发射后发动机未点火跌落的安全性。导弹跌落后未发生燃烧或爆炸，则该试件通过跌落试验安全性考核。

4.2.1 试验方法

4.2.1.1 确定试件及起吊、释放装置

试验前应明确试件质量、尺寸、质心、装药类型和装药量等。如需采用模拟件进行跌落试验，模拟件应尽量与常规导弹弹药或其子系统保持一致，对于弹上控制系统等非爆炸部件，可以采用等质量、相同几何尺寸和等导热系数的结构替代。

根据试件的质量、尺寸和结构确定起吊装置、释放装置，包括提升装置的承载能力、试件与释放装置的连接方式、试件的释放方式及跌落面的尺寸等。

4.2.1.2 确定跌落高度、姿态

跌落高度为下跌前试件最低点与基座的距离，根据威胁危险性评估（THA）的最坏情况，后勤跌落试验的一般跌落高度为 12 m。如果考虑试验件的寿命周期剖面，这个高度可能还需要增加。

跌落姿态包括水平、竖直或倾斜，试验具体跌落姿态由根据威胁危险性评估的最坏情况决定。

4.2.1.3 安全距离估算

在跌落试验中，试件由于撞击可能会发生爆轰响应，产生冲击波和爆炸碎片，对参试人员和试验设备造成损坏，因此在该类试验中，需要测算试件一旦发生爆炸的冲击波安全距离和碎片安全距离，以便对人员和设备进行必要的防护。

（1）冲击波安全距离确定

冲击波超压估算公式

$$\Delta P = 0.102\frac{\sqrt[3]{w}}{r} + 0.399\left(\frac{\sqrt[3]{w}}{r}\right)^2 + 1.26\left(\frac{\sqrt[3]{w}}{r}\right)^3$$

式中 ΔP ——冲击波超压（MPa）；

ω ——战斗部装药 TNT 当量（kg）。

根据试验中战斗部装药的当量，以及冲击波对人员的杀伤准则

0.02 MPa，来计算安全距离。

(2) 碎片安全距离估算

战斗部爆炸后，主要的毁伤元是破片。根据破片初速计算公式

$$\nu_0 = \sqrt{2E}\sqrt{\frac{2m_e}{2m_s + m_e}}$$

式中　$\sqrt{2E}$ ——炸药的格尼常数（m/s）；

m_e ——炸药装药质量（kg）；

m_s ——弹体金属质量（kg）。

在火箭橇撞击试验、慢速烤燃试验、快速烤燃试验、子弹撞击试验、碎片撞击试验、殉爆试验、射流冲击试验、破片冲击试验中均可能存在爆炸危险，本节的安全距离估算适用于上述各项试验，因此，在以下各节中不再赘述。

4.2.1.4　试验环境要求

试验应在无雷、雨、雾、沙尘，地面风速不大于 5m/s，能见度满足测试要求的条件下进行。

4.2.2　试验装置

跌落试验装置包括：跌落试验塔架、试验基座、提升机构、释放装置、安全防护设施等，图 4－1 为一个跌落试验装置的示意图。跌落塔架为龙门架结构，提升机构为卷扬机，保证试件平稳上升到跌落高度，提升能力不小于试件重力的 2 倍，跌落塔架周围建塔身防护墙。

(1) 试验基座

试验基座由混凝土基座和钢板组成，钢板铺设在混凝土基座上。冲击面为平滑钢板，最小厚度 75 mm，布氏硬度介于 186.3～227.7 HB之间。钢板应水平固定在最小厚度为 610 mm 的混凝土基座上，该混凝土基座由最低抗压 28 kN/m^2 的钢筋混凝土或 460 mm 的碎石构成。钢板的表面应平整，其长、宽尺寸至少是试样样本最大尺寸的 2 倍，以保证试件在倾倒等情况下仍能跌落在钢板上。试

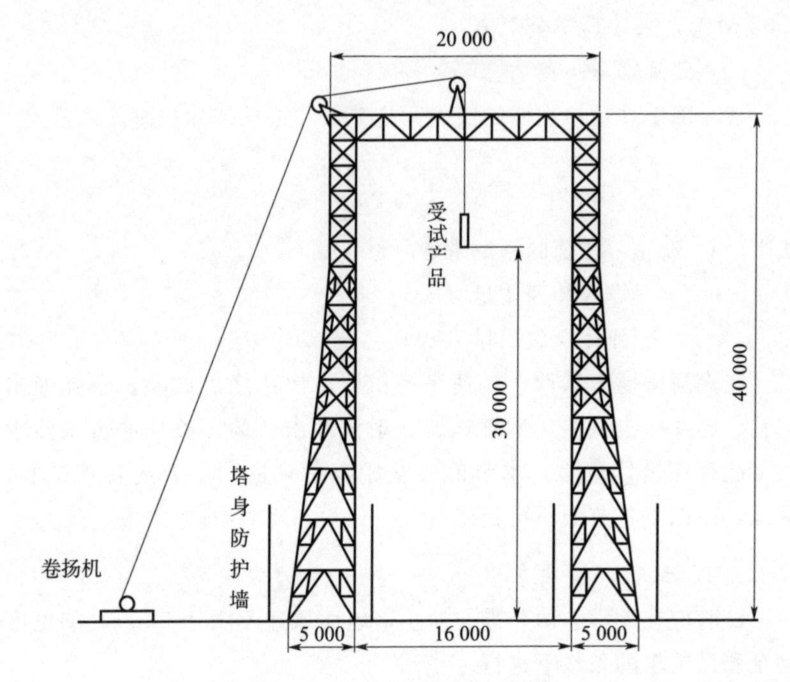

图 4-1 跌落试验装置的示意图

验时，应保持冲击面的顶部没有水、冰或其他碎片。冲击面应该在水平面 2 度以内。

(2) 提升机构

常用的提升机构包括：吊车、卷扬机等。

吊车作为提升机构，提升速度平稳，操作简单方便，且能够满足提升高度和提升重力要求。

卷扬机：采用调速装置，运行平稳，不产生振动、噪声。

(3) 释放装置

常用的释放装置包括爆炸螺栓、航空挂钩。

爆炸螺栓：采用一对 U 型板环与电起爆爆炸螺栓作为释放机构，通过起爆炸螺栓使试件自由跌落。爆炸螺栓旋合在上下两个 U 形板环上，卡板的一端通过 U 型卡环连接在试件吊具上，另一端连接在吊车吊钩上。

航空挂钩：航空挂钩采用电磁释放原理，能快速释放并具有自锁功能，确保在提升过程中不自行解锁，在启动信号发出后能迅速投放。

（4）安全防护设施

试验架应有避雷设施，提升和释放机构应可靠接地，接地电阻应小于4Ω。试验应选择在人烟相对稀少的地区进行。如无此条件时，应参照中国兵器工业总公司颁布的兵总质［1990］2号文件《火药、炸药、弹药、引信及火工品工厂设计安全规范》，采取必要的防爆措施，如防爆墙等。

4.2.3　测试设备

跌落试验需要测量试件跌落过程中的应变、加速度等参数，试验全程使用高速摄像和红外摄像进行拍摄，记录试件跌落和着地过程。

（1）数据测试设备

试验使用加速度传感器测量试件冲击地面的加速度，应变传感器用来测量试件冲击地面瞬间各部位的应变。加速度传感器的横向灵敏度不大于5%，精度在2%内，量程应不小于试件最大加速度的1.5倍。应变传感器的量程应为20 000 $\mu\varepsilon$。

（2）数据采集设备

测量数据使用瞬态记录仪记录，该记录仪数据采集模式为离线采集模式。记录仪安装于跌落试件上，与相关测试传感器（包括应变传感器、加速度传感器）连接，试验完毕后回收该记录仪，即可得到试验数据。

多通道数据采集存储设备采用离线采集模式，可用于跌落试件跌落时实时记录并存储12路加速度信号及12路应变信号共24路模拟信号，各通道信号经过信号调理电路调理后，经过模拟开关，由ADC进行数据采集，试验完毕后采用USB接口对存储数据回收，并对其进行事后处理分析，将参数还原成数据或相应图线形式。设备外壳体采用铝质材料，内壳体采用高强度钢材，整体质量小于 5 千克。其核心部件——固态存储器保存于高强度钢壳体内部，通过缓冲材料加以灌封，确保其不受外部撞击而损坏。同时，多通道数据采集存储设备应用防火隔热措施，确保其具备一定的防火能力。

(3) 录像设备

试验全程使用高清摄像、高速摄像、红外摄像和普通录像进行拍摄，记录试件跌落和着地过程。

①试验全过程高清摄像

试验使用多台摄像机，一台拍摄释放机构释放情况，两台从不同角度拍摄试件跌落到跌落面的状态。以监测试件着地点、跌落姿态及试件的反应状况。

②高速摄影

跟踪拍摄操作平台上快速同步释放机构释放试件的情况及试件跌落到跌落面的状态，以监测试件跌落姿态、着地点及试件的反应状况。

③红外摄影

对于跌落试验，尽管其发生爆炸的风险较小，可以通过使用该类设备，采集分析试件发生是否出现局部热点，即是否可能引发燃烧、爆炸、爆轰等反应。

④试验现场全局普通摄像

实现试验现场全局布控，以保障人员和设备的安全。

4.2.4 试验流程

1) 运送试件至试验现场；

2) 进行试验前的试件的状态检查确认并拍照；

3) 测点传感器连线，所有测点传感器与数据记录仪连接；

4) 安装跌落释放机构，连接至起吊设备；

5) 把试件用绳索按规定的正常吊装状态挂于释放结构上；

6) 在试件底部粘结好跌落高度等高的高度尺；

7）启动普通录像设备；

8）起吊设备启动，将试件提升至一定高度（≤0.5 m），目视检查试件是否保持正常吊装状态，若满足则继续平稳缓慢提升至跌落高度；

9）试件悬停至稳定状态，确定试件姿态、高度满足跌落技术要求后，试验准备阶段完毕，现场人员撤离至安全区域；

10）所有测试、摄像设备就位；

11）试验全程测量现场风速，风速大于 5 m/s 时，立即终止试验；

12）启动并重置所有测试设备，包括录像设备和冲击波超压测试设备，并且对所有设备进行运行检查；

13）将所有与启动跌落控制系统无关的人员疏散到安全区域；

14）连接跌落控制启动装置，所有人员撤退到安全区域；

15）启动跌落电磁释放机构。在试件跌落之后到检查试件之前的 30 min 内，所有人员在安全区域待命，30 min 后确认无异常，相关人员方可进入现场查看跌落后试件状态；

16）回收瞬态记录仪，检查数据采集系统和图像采集设备；

17）通过高速录像判读试件第一落点位置、反弹次数、落点及运动轨迹；

18）通过高速录像判读试件跌落过程姿态；

19）检查跌落后试件的状态，记录检查结果并拍照。

4.2.5　数据记录及处理要求

1）批号、试验项目类型，以及每个试验项目的库存号；

2）试验装置的描述和试验事件的描述；

3）试件跌落过程、着地姿态、着地速度及测点的应变和过载等数据；

4）如果发生爆轰的话，收集空气冲击流过压数据，包括峰值压力和试验项目达到峰值压力的时间；

5）试验项目反应的视频或照相记录；

6）试验项目的静态图像。

4.3 火箭橇撞击试验

火箭橇利用推力强大的火箭助推器，推动测试物体在类似铁路的专业滑轨上高速前进的试验装置。火箭橇撞击是将被测试件固定在火箭橇上，通过火箭橇加速模拟设定的撞击速度，在轨道末端达到撞击速度时，试件与火箭橇分离，试件以规定的姿态和速度撞击在靶板上，考核常规导弹弹药及其子系统的撞击安全性。试验现场配备高速录像设备，对整个试验过程进行记录。

4.3.1 试验方法

在试验前需要明确被考核试件的总质量、装药类型和装药量。如需采用模拟件进行火箭橇撞击试验，模拟件应尽量与常规导弹弹药或其子系统保持一致，对于弹上控制系统等非爆炸部件，可以采用等质量、相同几何尺寸和等导热系数的结构替代。还需明确试件的撞击速度和撞击姿态。根据试件的重力及撞击速度，为火箭橇选择合适推力的火箭助推器，设计合适工装将试件安装在火箭橇上，保证在火箭橇加速运行过程中，试件与火箭橇连接可靠；在试件达到撞击速度时，采用爆炸螺栓分离火箭橇和试验件，试验件单独撞击垂直靶，而火箭橇在分离后沿轨道向下继续滑行，并被回收，分离方案示意图如图 4-2 所示。试验前应测量地面气候，包括气温、风向、风速。其中，风速不大于 5 m/s 时方可进行试验。

4.3.2 试验装置

火箭橇撞击试验图如图 4-3 所示，包括火箭橇运载设备（火箭橇橇体、助推发动机、试件装配槽）、滑轨、靶板、锁紧—分离装置等。

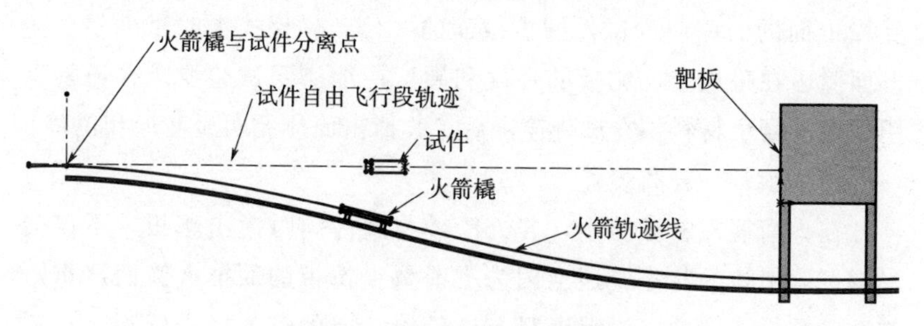

图4-2 火箭橇与试件分离方案

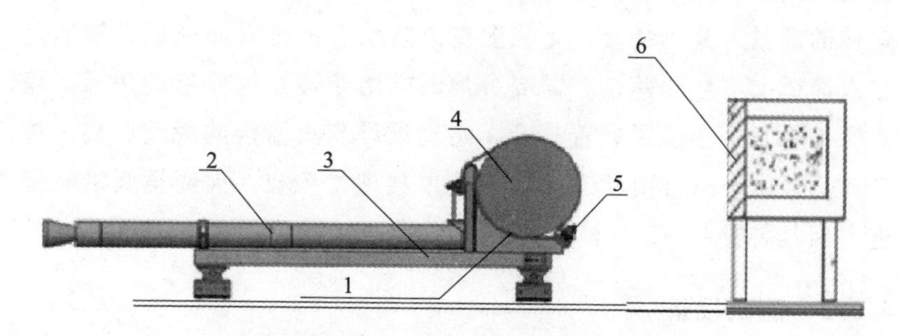

1—试件装配槽；2—助推发动机；3—火箭橇；
4— 试件；5—锁紧-分离装置；6—靶板
图4-3 火箭橇撞击试验原理图

（1）火箭橇运载设备

运载设备的运载能力应大于试件质量的2倍，速度控制精度应高于±10 m/s，在加速过程中产生的力学振动环境应不会对试件和试验结果造成影响。

（2）滑轨

滑轨应可靠稳定，平直顺滑，试验前应进行轨道精度检查调校，然后进行火箭橇通过性检查，校正橇轨匹配性，在靶板附近，试件与火箭橇分离后，轨道能将火箭橇导引至其他位置，防止试验发生爆炸对火箭橇橇体造成的损坏。

（3）靶板

靶板应平整，且无明显的凸起和凹坑，不可有杂物附着，靶板受撞击面的面积应为试件撞击截面的3倍，确保撞击时试件整个撞击面撞击在靶板上，靶板的强度和硬度应能满足试验要求，通常采用钢或混凝土材料，在试件撞击后，其撞击面应无明显变形和位移。

（4）锁紧—分离装置

在火箭橇撞击试验中，若火箭橇与试件同时撞击靶板，不仅会影响试验考核的状态，还会因为火箭橇上携带的助推火箭而严重影响试验结果，因此，为保证只有试件以一定的速度撞击靶板，在靶板附近，火箭橇应与试件进行分离。通常在火箭橇上设置含有爆炸螺栓的锁紧—分离装置，此装置在锁紧状态下可以保证试件被固定在火箭橇上不会脱落；在需要分离时，给予爆炸螺栓启动信号，爆炸螺栓断开，令锁紧装置打开，实现试件与火箭橇的瞬间分离。被分离后，试件以自由状态向前飞行单独撞击靶板，火箭橇则沿轨道进入回收装置。

4.3.3 测试设备

（1）冲击波超压测试

冲击波超压测试系统包括压力传感器、数据调理及采集系统、计算机、配套测试及处理软件、传输线、供电等附件等组成。压力传感器将爆炸后产生的爆炸冲击波压力信号转换成电信号，输入数据调理及采集系统，数据调理及采集系统通过传输线与计算机连接，然后配套的数据处理软件对采集到的数据进行数据读取和处理，得到各测试点的压力峰值及其对应的时间。

（2）加速度测试

试验中，选用加速度传感器时需要考虑其量程、非线性度、响应频率、外形尺寸等参数。由于火箭橇是以火箭作为动力装置，带动试件以一定的加速度向前运动，在其启动、加速向前的过程中，其加速度可能会非常大，在试件撞击靶板瞬间产生的冲击和加速度会更大，可能会达到几千个g，试验前需要计算火箭橇试验中的最大加速度值，并以该值的1.5倍作为参考量程选择加速度传感器。火箭橇撞击试验中，试件撞击靶板是在瞬间完成的，也就是说其要求传感器和测试设备的响应频率也应该较高，所以在选择加速度传感器时其响应频率应该不小于1 kHz。外形尺寸方面主要考虑其在试件上的安装是否方便、是否会影响撞击实验的结果。安装传感器时，应先将加速度传感器专用工装粘贴在试件外表面，再将加速度传感器安装在工装上。

(3) 着靶速度测试

断靶法是目前应用最为广泛的一种测量火箭橇某一时刻速度的方法，对于火箭橇撞击试验，在轨道末端布置多道靶线，精确记录靶线之间的间隔距离，火箭橇在与试件分离前最后时刻先后切断多道靶线，采集靶线断电信号的时刻，即可计算出试件的着靶速度。通常断靶法的测量精度为±1 m/s。

除断靶法外，还可以通过高速摄影和标尺判断出试件的着靶速度。另外，也可以通过对安装在试件上的石英加速度计进行积分，测算出着靶速度。

(4) 离线式试验数据记录仪器

在跌落、火箭橇撞击等试验中，为减少在线测量对试验状态的影响，对试验数据进行离线式测量及存储，同时，为防止由于试验中产生的高速冲击和火焰环境、爆炸环境导致测试仪的损坏和数据丢失，记录仪外壳体应采用铝质材料，内壳体采用高强度钢材，其核心部件为固态存储器，保存于高强度钢壳体内部，通过缓冲材料加以灌封，并采用防火隔热措施，使其具备一定的防火防爆能力，确保其在受到外部撞击和火焰环境、爆炸环境时不被损坏。

由于试验时试件可能在瞬间发生爆炸、燃烧转爆轰、冲击起爆等反应，准确判断试件的响应是评估常规导弹弹药及其子系统安全性的前提，因此，要求测试系统的响应速率要高，通常其瞬态采样率不低于200 kHz。

在触发方式上，由于试验发生爆炸的具体时间很难提前确定，而测试系统的响应频率又较高，如果提前设定记录时间，一旦爆炸提前发生可能采集不上数据，导致数据丢失，若爆炸延后发生，数据存储满了，依然无法获得有效数据，最终也会导致数据丢失。因此，触发方式对于离线式试验数据记录仪尤为重要，需要设备具备断靶触发方式。

离线式试验数据记录仪应该能够实现在高冲击环境下数据的可靠存储，且具有存储容量大，断电不丢失数据，能够承受大冲击、大过载的恶劣环境。在正常读写状态下，其读写次数不应低于10 000次/存储单元。同时，在试验结束后，即使在数据采集存储设备损坏的情况下，也可以通过记录模块专用读数设备，读取内部记录的信息。为保证在恶劣条件下不损坏记录的信息，记录模块设计为单独的电路单元，可通过数据接口写入和读出数据。

在供电方面，为保证数据采集存储设备在离线下能正常工作，其供电设备应为电池供电，建议采用充电锂电池，电池电源经过滤波后，转换为数据采集存储设备所需的电源。在正常工作情况下，数据采集存储设备应该可以满足火箭橇撞击试验所需的调试、待命和测试时间。

为保证安装方便，记录仪应采用常用接口，接插件应位于记录仪的一侧，试验时将其安装在试件上，可以实时记录并存储冲击信号和应变信号，试验完成后回收数据并处理。

数据处理软件采取模块化设计原则，以按钮方式选择不同功能。其主要功能有：数据读取、自动检测、曲线绘制、打印及存盘等。当数据记录仪与计算机连接时，数据处理软件可对数据记录仪进行参数设置、状态检测和数据读取。另外，数据处理软件还可对回收数据进行图形显示、时间测量、频率测量和幅值计算，也可以将数据根据需要导出为 JPG 或 TXT 格式的文件以便使用第三方软件进行数据分析。图 4 - 4 为数据处理软件界面图。

(5) 高速录像

摄影机布置方式如图 4 - 5 所示，使用高速摄影机 2 台、普通摄影机 2 台。所有摄影机配备相应的防护措施。2 台普通录像机对试验

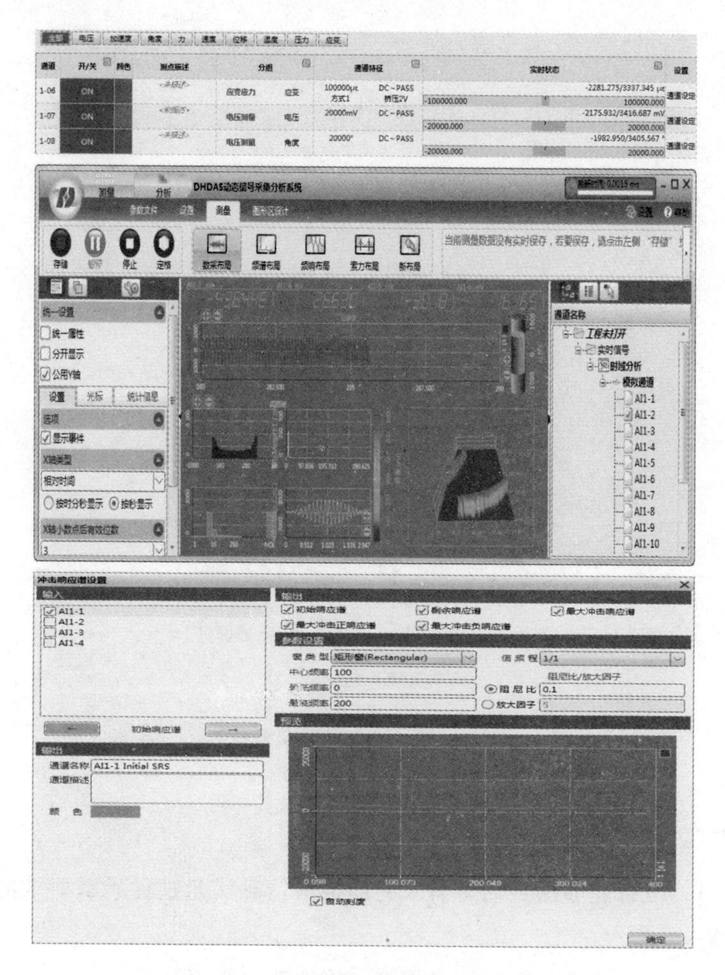

图 4-4 数据处理软件界面图

进行跟踪录像，主要摄录火箭橇滑行过程、撞击点、撞击后效果。2 台高速摄影机用于监测试件撞击姿态、撞击点及试件的反应状况。

视野：视野范围要求包括试验件、靶板、靶板前约 2 m。

幅面：1 280×800；

每秒帧数：6 200 fps。

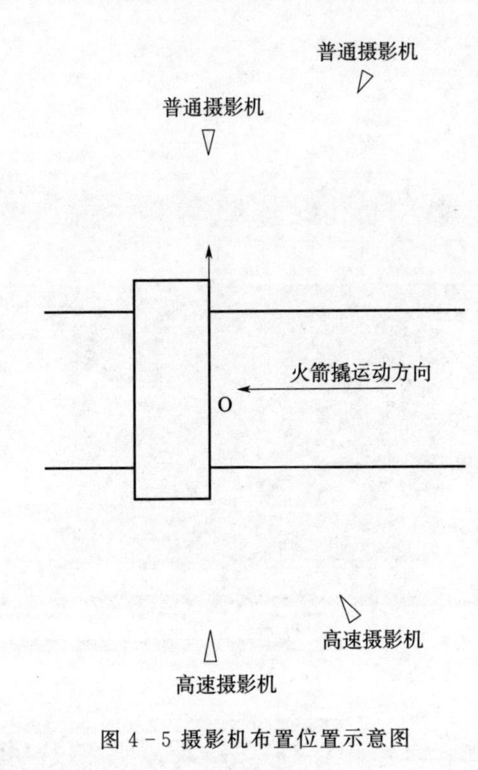

图 4-5 摄影机布置位置示意图

4.3.4 试验流程

1）准备能够满足动力需求的助推火箭和满足试件承载要求的火箭橇；

2）对轨道进行精度检查调校，确保轨道平直顺滑；

3）进行橇轨匹配性校验，确保火箭橇可以在轨道上可靠稳定运行；

4）安装调校用助推火箭，调校火箭橇的速度；

5）平整冲击波超压测带；

6）设置掩体，挖电缆沟；

7）布测试线，连接冲击波超压数据采集系统；

8）试件运至试验现场，安装于火箭橇上；

9）安装应变片、加速度传感器，安装瞬态记录仪；

10）将压力传感器布置在设定好的冲击波超压测点上；

11）试验前照相；

12）所有测试、摄像设备就位；

13）测试试验现场气象参数，确认风速满足不大于5m/s的要求；

14）启动并重置所有测试设备，包括录像设备和冲击波超压测试设备，并且对所有设备进行运行检查；

将所有与启动助推火箭无关的人员疏散到安全区域；

16）连接助推发动机的启动装置，所有人员撤退到安全区域；

17）助推发动机点火，在试件撞击靶板之后到检查试件之前的30 min内，所有人员在安全区域待命，30 min后确认无异常，相关人员方可进入现场查看撞击后试件状态；

18）回收瞬态记录仪，检查数据采集系统和摄录像设备；

19）若试件没有发生反应或反应程度较轻，检查试件，标记出撞击点，并对试件拍照，作为评估其反应程度的依据。若试件反应较为剧烈，记录试件碎片抛射的位置及尺寸，并对反应程度进行评估；在不影响安全的前提下，收集所有重要的试验后残余物，进行测量和称重。

4.3.5　数据记录及处理要求

1）批号、试验项目类型，以及每个试验项目的库存号；

2）试验装置的描述和试验事件的描述；

3）试件撞击过程、撞击速度、撞击姿态及测点的应变和过载等数据；

4）撞击后试件是否产生局部变形、裂纹、燃烧和爆炸；

5）如果发生爆轰的话，收集空气冲击流过压数据，包括峰值压力和试验项目达到峰值压力的时间；

6）试验项目反应的视频或照相记录；

7）试验项目的静态图像。

4.4 快速烤燃试验

快速烤燃试验，也称为液体燃料/外部着火试验。快速烤燃试验用于模拟储运和战备状态下环境失火对常规导弹弹药及其子系统的影响。在试验中，弹药在液体燃料火焰中被快速加热，记录弹药随时间变化发生的反应。弹药处于火焰中心区域或边缘地带时可能产生意外爆炸的情况是武器系统易发生的重要安全问题。

4.4.1 试验方法

（1）确定试件

试验前应明确试件质量、尺寸、质心、装药类型和装药量等。如需采用模拟件进行快速烤燃试验，模拟件应尽量与常规导弹弹药或其子系统保持一致，对于弹上控制系统等非爆炸部件，可以采用相同几何尺寸和等导热系数的结构替代。

（2）火焰温度

平均火焰温度至少应达到 800℃，这个温度是从火焰达到 550℃到弹药反应完成时间的平均温度。燃油燃烧 30 s 后火焰温度须达到 550℃，用 4 个铠装热电偶中的两个进行测量，550℃以上直到反应结束用另外两个热电偶测量。反应时间应把到达 550℃之前的这段时间去掉。

合适的液态烃类燃料包括：JP－4、JP－5、Jet A－1、AVCAT（NATO F－34 或 F－44）和商用煤油（Class C2/ NATO F－58）。

（3）燃油量

燃油量应能满足试验的要求，燃油量储备应为预计试验反应时间的 1.5 倍。如果需要，可以通过压力软管加水，加水是为了控制燃油面和试验样本之间的距离，要求水面上的燃油在整个试验过程中厚度至少保持 15 mm，原因是阻止由于辐射热产生的水沸腾现象。

(4) 点火

为迅速建立一个稳定的燃烧区域，在炉床中央和四周同时设置点火器，由同步点火控制系统发出点火信号实现同步点火。一般同步点火控制系统可采用遥控方式。

(5) 火焰与试件的位置关系

试件应高于燃面，并完全浸没于火焰中；为了保证试样不放置在火焰过冷或过热区域，在开始试验时，试样底面和燃油表面之间的距离应不小于 0.3 m。

(6) 试件固定方式

图 4-6 快速烤燃试验试件固定方式

如图 4-6 所示，可采用悬挂或支撑方法对试验件进行固定，并水平放置在燃烧区域的中心。

(7) 约束

考虑到试件在试验过程中有可能产生助推，造成安全隐患，应采取合适的约束方式。约束装置能够在火焰温度下保持约束强度，且不能过多地吸收辐射热。设计人员和试验人员必须仔细考虑约束的细节。

(8) 支承托盘

如果需要，在试样的底部可以放置一个打孔的支承托盘，该托盘距试样四周为 1 m，目的是在火烤中试样出现了下陷或部分溢出时仍能部分暴露于火焰中。支承托盘的设计、结构和定位应该由设计或试验人员确定，能够承受试样质量和冲击。考虑到在试验中支承托盘具有足够的强度且不会影响燃料燃烧，要求支承托盘至少在燃料面以下 50 mm。

(9) 试验环境条件

快速烤燃试验不能在雨天进行，也不能在风速≥10 km/h 情况下进行。

4.4.2 快速烤燃试验装置

采用燃料燃烧试验法，将试件置于平均温度 800 ℃的热环境中，试验设施主要包括火焰环境设施、燃油面控制系统、点火装置等部分。

快速烤燃试验设计原理图如图 4-7 所示。

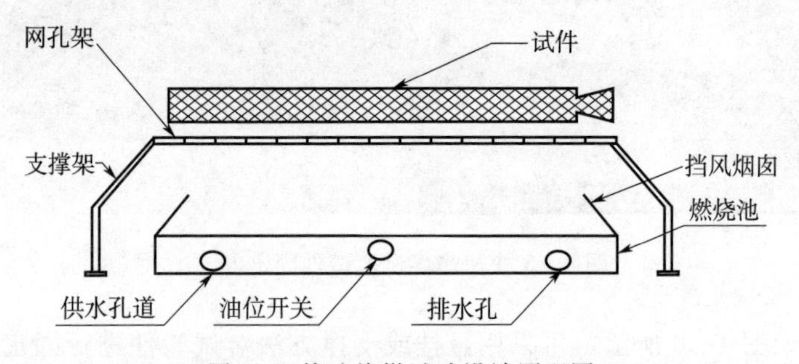

图 4-7 快速烤燃试验设计原理图

(1) 火焰环境设施

火焰环境设施为火焰燃烧池，燃烧池四周及顶部安装防护网以防止试件碎片抛射。在燃烧池中注入一定量的水，水面之上是一定高度的液体燃油，试验过程中可通过调节水位实现油面高度的控制，使用多个点火器同时点火以实现快速、均匀地燃烧。试验架放置在燃烧池中，调节油面高度使试件和火焰的位置关系满足要求。根据试验要求，选择燃烧方式：悬吊燃烧或托架支撑燃烧。采用托架支撑燃烧方式时，燃烧池各边缘距试验对象距离至少 1 m，并且燃烧池提供的火焰能够完全包围试验样本。

（2）燃油面控制

燃油面控制可采用以下两种方式：

1）平衡补偿方法，即根据燃油理论计算的消耗速率值，补给同体积的水，以维持燃面保持不变。

2）自动控制方法，燃烧池箱体侧部分别设置上下两个管接头，下位为补水进口，上位接头通过软管接油位测量装置。油位测量装置的适当位置设置滤油网，以缓冲油位波动，使油膜表面平滑，根据伯努利原理，连通管道忽略摩擦阻力则油位测量装置的液面即为燃烧池的油位高度。当油位大于等于设计值时，浮子压力开关接通，其输出信号使进水电磁阀 1 为断开状态；反之若油位小于设计值时，浮子压力开关断开，其输出信号使进水电磁阀 1 为导通状态，同时油位与设计值的偏差对电磁阀 2 的导通角进行控制，实现进水速度的调节，使燃烧池油位保持恒定。油位测量技术实现方式较多，如液浮式、电容式、光电式、接近开关等。其中液浮式开关简单可靠，应而获得广泛应用。测控原理见图 4－8。

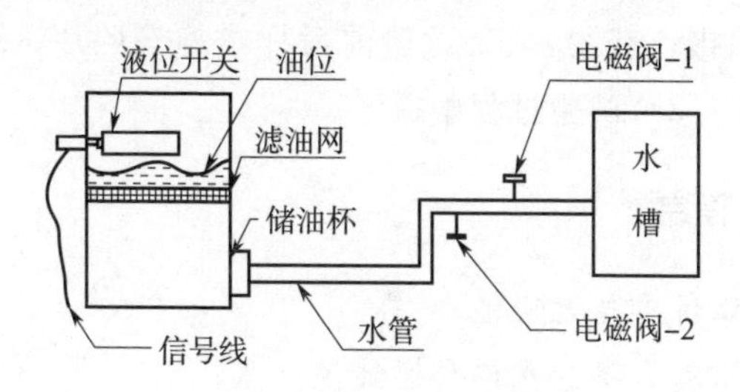

图 4－8 油位测控原理图

（3）点火方案

为保护试验人员安全，需要实现燃油自动远程点火，使燃烧池整个油面快速引燃。为迅速建立一个稳定的燃烧区域，采用遥控点火方式，在燃烧池中央和四周同时点火。为了提高燃烧传播速率，尤其在低室温条件下，应确保每一个燃点四周漂浮 20～30 L 汽油，并尽量缩短燃料放置与点火之间的时间，以减少燃油因蒸发或散射造成额外损失。

4.4.3 测试设备

测试设备主要包括温度测试设备、高速摄像机、红外摄影、普通摄影设备等。

(1) 温度测试设备

在温度测试设备中热电偶为镍—铬/镍—铝热电偶，采用铠装形式，能够经受1 200 ℃的高温。

(2) 试验全过程高速摄像

高速摄像机拍摄试件在火焰场中的反应情况，准确捕捉试件发生反应的时间点和反应状态，为评判试件反应的剧烈程度提供依据。

(3) 红外摄影

为监控试件是否发生爆轰、部分爆轰、爆炸、爆燃、燃烧等现象，采用红外摄影设备对试件进行监控。

(4) 普通摄像设备

摄像机应安装在防护罩里，且放置在逆风处，并对试验样本进行如下静态拍摄，获得：1）试验前后样本静态照片；2）试验后所有残留物照片；3）试验过程中摄像。

4.4.4 试验程序

1）根据试件准备燃烧池；

2）根据试验方案给水槽和燃烧池注水；

3）按照预计量给燃烧池加注燃油；

4）在燃烧池中间和四周安装同步点火器；

5）平整冲击波超压测带；

6）设置掩体，挖电缆沟；

7）布测试线，连接冲击波超压数据采集系统；

8）安装试验工装，试验工装不能过多地吸收辐射热。如果试件在试验过程中可能产生推力，造成安全隐患，则在工装上需要考虑合适的约束方式；

9）定位和安装试件，一般试件应沿水平轴线放置在炉床中央，样本下表面应该高于初始油面位置，并保证在该位置时试验件可以完全浸没于火焰中；

10）在试件的底部安装支承托盘；

11）安装温度传感器；

12）将压力传感器布置在设定好的冲击波超压测点上；

13）对安装好的试件、工装和试验装置进行拍照；

14）启动并重置所有测试设备，包括录像设备和冲击波超压测试设备，并且对所有设备进行运行检查；

15）将所有与启动同步点火控制系统无关的人员疏散到安全位置；

16）接通同步点火控制系统，将所有人员疏散到安全位置；

17）启动同步点火控制系统，测试设备和摄像设备工作，记录相关测试数据和图像数据；

18）在燃烧池火焰熄灭之后到检查试件之前的 30 min 内，所有人员在安全区域待命，30 min 后确认无异常，相关人员方可进入现场查看试验后试件状态；

19）回收瞬态记录仪，关闭数据采集系统，关闭图像采集设备；

20）若试件没有发生反应或反应程度较轻，检查试件，并对试件拍照，作为评估其反应程度的依据。若试件反应较为剧烈，记录试件碎片抛射的位置及尺寸，并对反应程度进行评估；在不影响安全的前提下，收集所有重要的试验后残余物，进行测量和称重。

4.4.5 数据记录及处理要求

1）批号、试验项目类型，以及每个试验项目的库存号；

2）试验装置的描述和试验事件的描述；

3）时间温度历程数据处理；

4）如果发生爆轰的话，收集空气冲击流过压数据，包括峰值压力和试验项目达到峰值压力的时间；

5）对观察板的损害记录静态照片、位置和书面描述；

6）试验项目反应的视频或照相记录；

7）试验项目的静态图像。

4.5 慢速烤燃试验

慢速烤燃试验的目的是为了评估常规导弹弹药及其子系统在邻近弹药库或飞机起火环境下的反应程度和反应时间。弹药在试验后未发生比爆炸更剧烈的反应，则弹药通过慢速烤燃试验的考核。

4.5.1 试验方法

（1）确定试件

试验前应明确试件质量、尺寸、质心、装药类型和装药量等。如需采用模拟件进行慢速烤燃试验，模拟件应尽量与常规导弹弹药或其子系统保持一致，对于弹上控制系统等非爆炸部件，可以采用相同几何尺寸和等导热系数的结构替代。

（2）升温速率

试验件应以 3.3 ℃/h 的升温速率逐渐加热直至反应发生，并以时间－温度曲线进行记录。启动之前，以大约 5 ℃/min 的升温速率将慢烤试验箱加热至 50℃，并维持 8 h，使试件达到热平衡要求。

4.5.2 试验设备

慢速烤燃试验设备主要包括慢烤试验箱、温控设备等。

（1）慢烤试验箱

在慢速烤燃试验中，通常将试件放置在一个简易的慢烤试验箱内，用循环加热的空气进行加热，慢烤试验箱能够以设定的速度将空气加热到预定的温度范围，并以同一温度在试件周围形成循环，流入和流出的空气是有温差的，但应不大于 5℃。为使加热均匀，试件与慢烤试验箱内壁每侧应至少留有 200 mm 的间隙。慢烤试验箱需绝缘，且箱体内部温度须可测量，至少使用两组（4 个）热电偶对试件表面温度进行监控（也可放置于试件内部，但不能干扰温度场）。将热电偶安装在试件相对的两个外表面，一组分别靠近于空气的入口和出口，另一组置于相反的方向。慢烤试验箱的构造应能够预防可能会出现的一些激烈反应，并有一个可供视频监测的窗口。

（2）温控设备

温度控制由智能仪表和慢烤试验箱共同实现。试验箱设置铠装 K 型热电偶，试验箱内的温度变化由热电偶传送至温度控制仪表，通过内部电路将信号调理为标准信号。该实时采集的温度信号与对应的预设温度控制值 SV 信号比较，得出偏差。利用仪表内部自带的模糊控制系统与传统 PID 控制相结合，修正此偏差，得到对应的控制量，控制继电器开关，继电器开关控制可控硅模块实现可控硅导通角的调节，使慢烤试验箱内部的高温陶瓷加热丝导通、断开或按设计规律变化，进而使升温速率达到规定值（通常为 3.3℃/h）。

4.5.3　测试设备

（1）温度测量装置

温度测量宜采用 K 型热电偶，温度测量范围 0～600℃，测量精度±0.5℃。

（2）录像设备

①高速摄像

高速摄像机拍摄试件在慢烤试验中的反应情况，准确捕捉试件发生反应的反应状态，为评判试件反应的剧烈程度提供依据。

②红外摄影

为监控试件是否发生爆轰、部分爆轰、爆炸、爆燃、燃烧等现象，采用红外摄影设备对试件进行监控。

③普通摄像

实现试验现场全局布控，以保障人员和设备的安全。

（3）超压传感器

强烈建议测量冲击波超压。理想情况下，通过引爆慢烤试验箱内受试弹药来校准测试设备并由此确定第一种反应类型的最大输出量。慢烤试验箱的存在将影响冲击波超压，因此慢烤试验箱体应尽量薄。将锥形测试仪在离试件不同距离处离地安装。最好的结果是获得的测量值范围可以像理想的爆炸超压一样在 3.5～70 kPa 之间。

（4）验证板

验证板可用于碎片的收集，利用验证板能够有力地抵挡来自试件的爆炸冲击并为试验后破坏效应的评估提供依据，验证板材料的选择取决于爆炸碎片的类型和速度。对于钢壳重型弹药，推荐使用至少 25 mm厚的钢材料作为验证板；而如果弹药用的是铝壳或者很薄的钢壳，一个铝质的验证板就可以了；如果弹药是塑料壳或者复合材料的话，也可以不用验证板。理想情况下，验证板与试件至少有 200 mm 的间距才能不影响试件的受热情况。验证板可能会对来自试件的冲击波压力产生影响，因此不能将其放在超压传感器的方向上。

4.5.4 试验程序

1）准备慢烤试验箱；

2）平整超压冲击波测带；

3）设置掩体，挖电缆沟；

4）布测试线，连接冲击波超压数据采集系统；

5）安装试验工装，试验工装不能过多地吸收辐射热，如果试件在试验过程中可能产生推力，造成安全隐患，则在工装上需要考虑合适的约束方式；

6）定位和安装试件，一般试件应沿水平轴线放置在慢烤箱内；

7）安装温度传感器；

8）将压力传感器布置在设定好的冲击波超压测点上；

对安装好的试件、工装和试验装置进行拍照；

10）重置所有测试设备，包括录像设备和冲击波超压测试设备，设置升温控制设备的相关参数，并且对所有设备进行运行检查；

11）将所有人员疏散到安全位置；

12）测试设备和摄像设备工作，记录相关测试数据和图像数据；

13）启动升温设备，以大约 5℃/min 的升温速率将试验舱加热至 50℃，并维持 8 h，使试验件达到热平衡要求；

14）然后以升温速度 3.3℃/h 对达到热平衡的试件进行加热直至试件发生反应；

15）在试件发生反应之后的 30 min 内，所有人员在安全区域待命，30 min 后确认无异常，相关人员方可进入现场查看试验后试件状态；

16）检查数据采集系统和图像采集设备；

17）对残余试件拍照，作为评估其反应程度的依据，记录试件碎片抛射的位置及尺寸，并对反应程度进行评估；在不影响安全的前提下，收集所有重要的试验后残余物，进行测量和称重。

4.5.5　数据记录及处理要求

1）各试验对象的批号和库存号；

2）试验装置的描述和测试事件的叙述；

3）反应类型、相关碎片尺寸以及空间分布；

4）各个温度传感器测量的调节箱和试验对象发生反应的温度随时间变化的数据；

5）观察板损伤的静态照片；

6）对试验对象反应采用视频或照相记录；

7）对慢速烘烤试验前后的试验对象和试验场地进行拍照。

4.6　子弹撞击试验

子弹撞击试验用来确定常规导弹弹药及其子系统对轻型弹药攻击的反应。试验中，试件将经受 1～3 枚、12.7 mm 的 M2 穿甲弹的射击，射击速度约为（850±20）m/s，发射时的转速应该在（600±50）转/分钟，子弹发射间隔为（80±40）ms。子弹撞击试验至少需要两个试验样本，其中一个针对装药量最大的部位，另外一个针对冲击感度最高的部位（尤其是点火/起爆装置）。试件通过子弹撞击安全性考核试验的标准是没有出现比燃烧（类型 V）更为剧烈的反应。

4.6.1　试验方法

试验前应明确试件质量、尺寸、质心、装药类型和装药量等。如需采用模拟件进行子弹撞击试验，模拟件应尽量与常规导弹弹药或其子系统保持一致，对于弹上控制系统等非爆炸部件，可以采用相同几何尺寸和等导热系数的结构替代。

根据试件在其寿命环境剖面过程中最有可能存在的枪弹威胁，选择试件的射击部位，通常将试验件卧式放置；其次，选择子弹射击的方向、子弹类型及配套发射装置等并确定子弹的发射速度和射击距离；发射距离和角度应能够根据试验要求进行调节，典型的子弹撞击试验装置如图 4 - 9 所示。

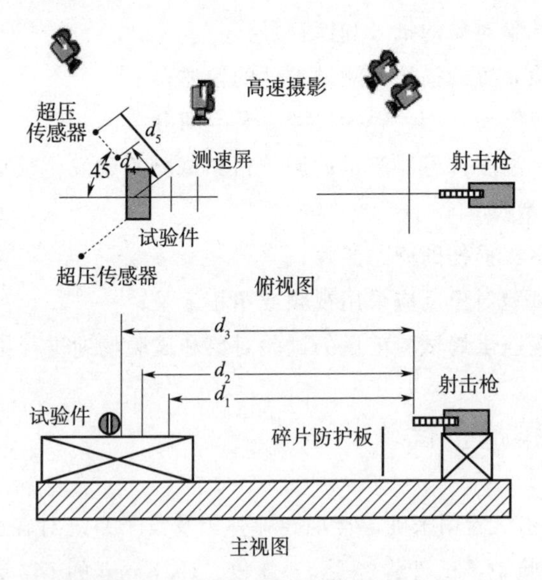

图 4 - 9　典型的子弹撞击试验装置

注：d_1：枪口到测速屏第一个屏的距离；d_2：枪口到测速屏第二个屏的距离；d_3：枪口到试验件的距离；d_4：枪口到第一个超压传感器的距离；d_5：枪口到第二个超压传感器的距离

4.6.2　试验装置

通常，子弹撞击试验采用的是标准子弹（M2、口径 12.7 mm 装甲弹），发射时的转速应该在（600±50）转/分钟，子弹发射间隔为（80±40）ms，试验使用的子弹发射装置应满足以上要求。若试验有特殊要求，如需要模拟 20 mm AP M2 子弹攻击常规导弹时，导弹的响应程度，则使用能够发射该口径子弹的狙击步枪。

除子弹发射装置外，子弹撞击试验还需要验证板和碎片遮掩板等装置，如试件在试验过程中有可能产生助推，还需要在试件的工装上设计限位装置，以防止试件产生推进，发生危险。

4.6.3　测试设备

（1）测速装置

在子弹撞击、碎片撞击试验中，通常采用光幕靶测试撞击试件瞬间子弹、碎片的速度。光幕靶是以光电转换为基础的弹丸飞行速度测量仪器，通常由一对发射装置和接收装置组成，发射装置和接收装置用固定杆连接。测速系统由两个光幕靶组成。两个光幕靶发出两组平行光幕，1 靶为起始靶，2 靶为停止靶，起始靶光幕 1 为计时仪，提供起始信号，停止靶光幕 2 为计时仪，提供停止信号。当弹丸垂直穿过 1、2 光幕，计时仪记录相应的飞行时间，再根据光幕 1 和 2 之间的靶距，求出弹丸穿越此段距离的平均速度。

（2）其他测试设备

在子弹撞击试验中需要对试件受撞击点进行应变、冲击等参数测量，由于试验也有可能产生爆炸，还需要测量冲击波超压，此外，还需要进行高速摄影和红外摄像等视频记录。

在试验中采用高速摄像系统记录子弹撞击的过程（包括子弹的发射、飞行轨迹、运动状态、撞击瞬间等）和试件在撞击后发生的反应类型。其中一台高速摄像机跟踪监测子弹的运动状态，另外两台高速摄像机分别从不同角度监测子弹撞击瞬间试件的反应，尤其是对于穿透弹药或试件不发生剧烈反应的试验，一台摄像机的机位应能监测到子弹穿入瞬间，另一台摄像机的机位应能保证监测到子弹穿出瞬间。

4.6.4 试验流程

1）参考试验项目的工程设计图纸，确定最大装药量和冲击感度最高的位置。试件结构应采用其寿命周期阶段所采用的构型。

2）根据 THA 分析，选择合适的冲击弹药。默认的冲击弹药选择 12.7 mm 口径 M2 类型穿甲子弹，速度为（850±20）m/s。

3）选择合适的试验场，地面尽可能水平且没有障碍物；参考子弹的最大射程在试验目标后面设置足够的安全区域。

4）平整超压冲击波测带。

5）设置掩体，挖电缆沟。

6）布测试线，连接数据采集系统（采集冲击波超压）。

7）将压力传感器布置在设定好的冲击波超压测点上。

8）将摄影设备放置到位，以记录试件的反应情况。至少一个摄影机的视野应足够大，分辨率足够高，以便确定反应强度。建议在试验进行的同时，采用常规速度视频全景记录试验场的情况。

9）将破片遮护板放在试件位置前部，如果试件发生爆轰，可以保护子弹发射装置免受破片危险威胁。

10）安装、校准并放置好速度测量装置，用于记录撞击速度。

11）在安装夹具上固定好正确口径的子弹发射装置，对准并同步。

12）启动并重置所有测量设备，包括摄影设备和速度测量设备。

13）试射三枚子弹，发射间隔为（80±40）ms，以确定试验装置是否工作正常并且撞击速度是否在要求的范围内。如果速度不在要求的范围内，必须对装置进行参数修正，重复步骤 10）到 13），直至速度达到要求。为防止试件发生反应，试射过程中采用惰性子弹，其目的是调试子弹发射装置使其能够达到试验所要求的精度。

14）对试件进行拍照和目视检查。

15）在试件下方放置验证板，为试件的反应评估提供证据。

16）将试件固定在夹紧装置上。

17）如果试件结构包括发射筒或装运集装箱，可以采用同样材料和厚度的平面目标显示板来模拟集装箱。在每个目标显示板上或试件的外表面，绘制或放置一个圆形和十字头目标，用于武器瞄准。

18）将所有仪表设备全部重置，包括速度测量装置、录像设备和超压传感器，并且对所有仪表进行运行检查。

19）发射三发子弹，射击间隔为（80±40）ms，射击位置瞄准试件装药量最多的位置。

20）发射三发子弹后，在检查试验场地之前，观察一段时间，一般为30 min。

21）检查试件，标记出撞击点，并且对试件拍摄照片。如果试件发生反应，对反应强度进行初步估计，记录试件碎片的抛射位置，并收集所有重要的试验后残余物，测量碎片尺寸和碎片质量。

4.6.5 数据记录及处理要求

1）各试件的批号和库存号。

2）子弹的类型、批号和库存号。

3）试验装置的描述（包括所有超压传感器的位置）和试验过程的描述。

4）撞击点。

5）子弹撞击速度。

6）反应类型、相关碎片尺寸和空间分布。

7）收集的冲击波压力数据，包括峰值压力、冲击波压力达到峰值压力的时间（如果发生爆轰的话）。

8）对验证板发生的损伤进行拍照、定位和书面描述。

9）对试件的反应进行视频或照相记录。

10）对撞击前后的试件进行拍照。

4.7 碎片撞击试验

碎片撞击试验主要模拟战场环境中常规导弹弹药受到高速弹体碎片（包括轻型碎片、重型碎片）直接撞击作用时的可能响应及破坏模式，并依据试验结论提出弹药实际贮存以及使用状态下应采取的安全防护措施。碎片的撞击速度一般为 2 530 m/s 左右。

4.7.1 试验方法

试验前应明确试件质量、尺寸、质心、装药类型和装药量等。如需采用模拟件进行碎片撞击试验，模拟件应尽量与常规导弹弹药或其子系统保持一致，对于弹上控制系统等非爆炸部件，可以采用相同几何尺寸和等导热系数的结构替代。

通常情况下，试件按其水平轴向放置在能够保证试验顺利进行的某适当高度的台体上。试件状态也可按实际需求进行调整。可采用限制装置防止推力的产生，但该限制装置不能干扰周边仪器，也不能严重影响负荷或导致试件壳体破裂、碎裂。

采用 18.6g 钢片以 2 530 m/s 的标准试验速度对试件进行撞击。当危险性分析表明弹药在其寿命周期中受到 2 530 m/s 碎片撞击的概率极低（$<0.000\,1$）时，可将撞击速度改为 1 830 m/s。

撞击目标点的选择：1）装药量大的部位（如弹头主装药或发动机推进剂）；2）冲击感度最高的部位（如发动机点火装置、弹头传爆装置）。

为保证试验结果的准确性，应避免在极端环境条件（风、雨、温度）下进行试验。

4.7.2 碎片撞击试验装置

图 4-10 为某试验中心的碎片撞击试验装置示意图，包括：碎片发射装置、弹托分离装置、试件工装等。其中碎片撞击速度为

1 830 m/s的发射装置采用 30 mm 的口径炮，碎片撞击速度为 2 530 m/s 的发射装置采用 40 mm 的口径炮，并在口径炮周围设置防护墙。图 4－11 为该试验中心碎片发射装置的试验照片。

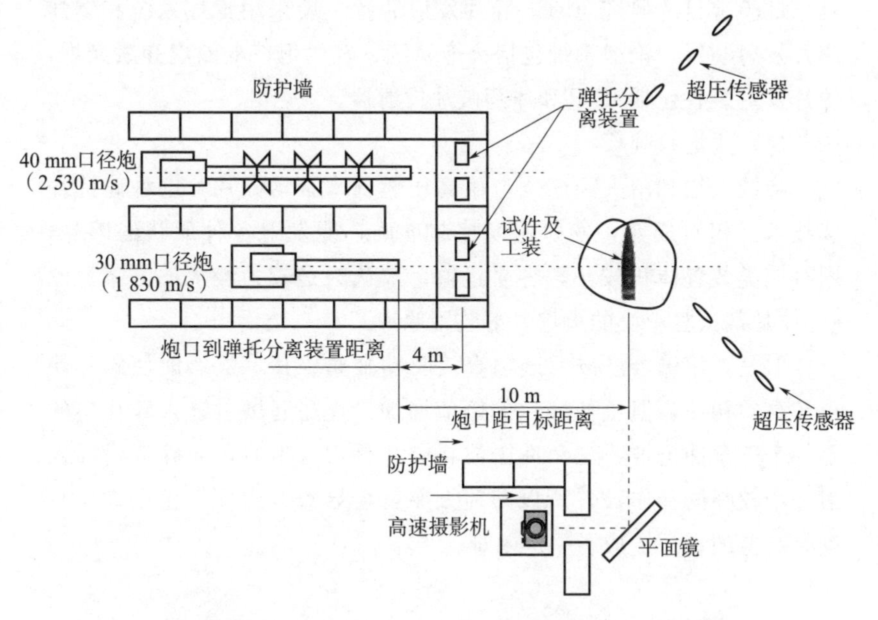

图 4－10 某试验中心的碎片撞击试验装置示意图

图 4－11 碎片发射装置试验照片

碎片撞击试验的核心是模拟实战状态下爆炸或碎片弹药攻击所

产生的碎片材质、质量、形状、速度、攻击角度、侵彻深度等，以更加真实的反应在实战状态下，常规导弹弹药在受到该类威胁时的安全性，研制能够实现特定材质、形状和发射速度的碎片发射装置是该试验项目的研究重点。碎片发射装置主要采用枪炮系统和爆炸碎片发射装置，枪炮系统包括火炮系统、轻气炮、电磁炮和激光炮，碎片发射装置包括 EFP 和炸药破片投射器。

（1）火炮系统

传统火炮利用火药燃烧产生高压燃气来推动碎片，这种碎片加速技术已相对成熟，发射速度控制准确，能发射各种形状的碎片，同时该类装置体积较小，容易运输，被认为是较为经济的方案。图 4－12是某试验中心的火炮发射装置照片。

但是，用爆轰波波后产物直接驱动金属碎片，虽然能使碎片获得较高的初速，但也使碎片的熵值增加。炸药起爆后进入碎片中的是一个三角冲击波，三角冲击波在碎片界面反射时，向碎片内部入射一个较强的冲击波，所以碎片太厚就会导致其内部发生层裂，给整个装置的设计造成了一定困难。

图 4－12 某试验中心的火炮发射装置照片

(2) 电磁炮

电磁炮的发射能源来自于电磁能，工作时，强电流流入导轨，产生流回，形成磁场，推动碎片或弹丸射出。由于其工作原理与传统火炮不同，碎片或弹丸的最大速度不受气体膨胀速度的限制。但是要使电磁炮达到使用阶段还需要攻克一些关键技术，尤其是能源方面，因为电磁炮必须有大电流才能产生强磁场，其电源的体积相当庞大，我国该技术还处于探索发展阶段。由于其技术不成熟、成本高，目前不适用于碎片撞击安全性考核试验。

(3) 激光炮

激光炮的工作原理是利用小型固体脉冲激光器产生激光脉冲辐照附着在透明窗口上的金属膜，烧蚀一部分膜层，产生高温高压等离子体，利用等离子体的高压驱动剩余的膜层以高速飞行。激光加载技术的优点是可在很短的时间内将碎片加速至超高速状态。但此技术发展得还不是很成熟，目前只限于加速大截面尺寸、微米级厚度的超薄飞片，对于应用在碎片撞击试验中还有很多技术问题有待于进一步解决。

(4) 爆炸式发射装置

爆炸式发射装置的原理与预制碎片战斗部的原理相同，通过起爆爆炸装置内部的装药，驱动预制碎片飞散，对周围的目标实现高速碎片撞击。国外有将爆炸式发射装置应用于碎片撞击试验的相关报道。其优点是可以实现多个碎片同时撞击受试弹药，缺点是较难实现碎片状态的控制，如撞击位置、碎片的撞击存速、方向等，因此很难满足标准的要求。

(5) 轻气炮

轻气炮是一种利用高温下低分子量气体工质膨胀做功的方式来推动弹丸，使之获得极高速度的发射系统，可以分为单级气炮和多级气炮两类，单级轻气炮碎片初速一般在 1 500 m/s 以内，也有个别达到 1 730 m/s 的。多级轻气炮可以发射出速度极高的弹丸。20 世纪 60 年代已达 11 000 m/s，80 年代突破了 12 000 m/s，90 年代超过了 13 000 m/s（如美国国家实验室）。

图 4－13 是二级轻气炮的工作原理及结构示意图。轻气炮是一种通用的装置，技术成熟、发射速度控制准确，能发射各种形状的弹丸，其弹丸的质量、尺寸和材料有很广的适应范围，使用方便，无废气噪声污染。它最突出的优点是，碎片或弹丸在承受较低的加速度和较小应力的情况下，能获得高速度，不会对碎片或弹丸造成破坏。

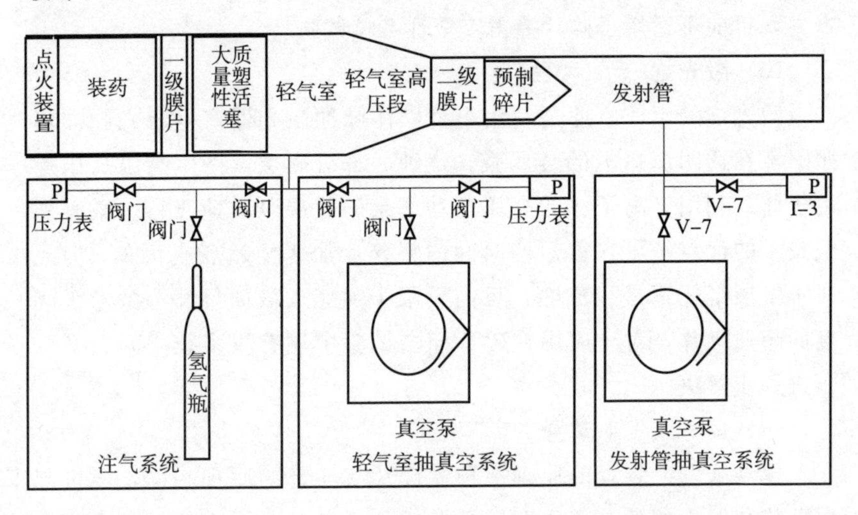

图 4－13 二级轻气炮的工作原理及结构示意图

通过点火装置引爆装置起始端的装药，爆炸导致装药室压力迅速上升，致使一级膜片破裂，强大的爆炸冲击波发射塑性活塞，大质量的活塞以较平稳的速度压缩泵管内预先注入的轻质气体（氢气或氦气），使轻气室内的压力和温度不断上升。当轻气室内高压段的气体压力达到某预定值时，二级膜片破裂，开始驱动预制碎片运动，随着气体的不断压缩和压力驱动，使碎片在发射管内不断加速，达到所需要的初始速度，最终从发射管发射出来。二级轻气炮主体结构包括安装点火装置和主装药的装药室、充填一定压力的轻气室和发射管等主要部件组成。其中膜片到膜片之间为第一级（压缩级），膜片之后为第二级。装药室装填的主要是火药，轻气室内充入一定压力的轻质气体，两个气室分别是独立的，由膜片隔离密封。在轻气室末端为强度高、尺寸大的高压段。三个部件要能分离，以便更换破裂的膜片、变形的活塞和预制碎片。在设计时，各段管子之间可以采用法兰连接方式，它的优点是结构简单，容易安装和调整，而且不漏气。

4.7.3　测试设备

（1）速度测试

可以通过高速摄影和标尺判断出碎片的撞击速度。

也可以采用光幕靶测速装置测试碎片撞击速度，具体参见子弹撞击试验（见 4.6 节）。

（2）冲击波超压传感器

冲击波超压传感器将爆炸后产生的冲击波压力信号转换成电信号，通过信号适调仪输入数据采集仪，由压力传感器的灵敏度和信号传输、记录系统的放大倍数，计算冲击波超压时程（冲击波超压—时间曲线），确定峰值超压。测点处的超压峰值可以作为衡量碎片撞击试验中试件反应程度的依据之一。

图 4 - 14 为 CYG 型超压传感器，该传感器由两部分组成，即传感器部分和信号调理部分。传感器部分以单晶硅为基体，按照特定晶面，根据受力形式分别加工成杯、梁、膜等形状，采用集成电路工艺技术扩散成四个等值电阻，组成一个惠斯登电桥，当传感器受力后，电桥失去平衡，输出一个与压力成比例的电信号。电路部分为 0～5 V 输出，三线制模式，采用差动输入式仪表放大器进行放大，具有稳定性好，共模抑制比高，输入阻抗高，抗干扰性能好等优点。

4.7.4　试验流程

1）参考试验项目的工程设计图纸，确定最大装药量和冲击感度最高的位置。试件的结构应采用其寿命周期阶段所采用的构型。

图 4 - 14 冲击波超压测试传感器

2）将与试件有效面积、形状相同的模拟器沿破片发射迹线放置在与试验中试件相同的位置上。

3）选择合适的试验场，地面尽可能水平并且没有障碍物；根据碎片发射的最大射程，在试件后面应设有足够的安全区域。

4）平整超压冲击波测带。

5）设置掩体，挖电缆沟。

6）布测试线，连接数据采集系统（采集冲击波超压）。

7）将一个钝感模拟件放置在合适的位置上。

8）调整碎片发射装置，撞击模拟件的指定位置。准备合适的速度测量系统以记录碎片的撞击速度。

9）启动速度测量系统。

10）启动碎片发射装置。

11）根据测速数据确定发射装置是否达到碎片撞击速度和撞击位置要求。

12）若没有达到试验要求的撞击速度和撞击位置，重复步骤 7）～11），直至满足试验要求，此时，模拟件所调整到的位置即为正式试验时试件所处的位置。

13）将验证板直接放置在试件位置下方，以便为试件的反应提供证据。

14）将摄影设备放置到位，以记录试件的反应情况。摄影机的视野应足够大，分辨率充够高，以便确定反应强度。建议在试验进行的同时，采用普通摄像设备全景记录试验场的情况。

15）将试件固定在调整好的试验工装上，如试验过程中试件可能产生助推，试验工装中应设计限位装置。

16）对装配好的试件及试验装置进行拍照和目视检查。

17）将压力传感器布置在设定好的冲击波超压测点上。

18）将所有仪表设备全部重置，包括录像设备和超压传感器，并且对所有仪表进行运行检查。

19）将所有与碎片发射装置无关的人员疏散到安全区。

20）准备好碎片发射装置，启动速度测量系统，所有人员撤退到安全区域；

21）启动碎片发射装置。

22）在碎片撞击试件之后的 30 min 内，所有人员在安全区域待命，30 min 后确认无异常，相关人员方可进入现场查看试验后试件状态。

23）检查数据采集系统和图像采集设备。

24）对试件进行检查和拍照，标记出撞击点，并且记录碎片的撞击速度。如果试件发生反应，对反应强度进行初步估计，记录试件碎片的抛射位置，收集所有重要的试验后残余物，测量试件破片的尺寸和质量。

4.7.5　数据记录及处理要求

1）各试件的批号和库存号。

2）碎片的材料、质量、形状。

3）试验装置的描述（包括所有超压传感器的位置）和试验过程的描述。

4）撞击点。

5）碎片撞击速度。

6）反应类型、试件爆炸碎片的尺寸和空间分布。

7）收集的冲击波压力数据，包括峰值压力、冲击波压力达到峰值压力的时间（如果发生爆轰的话）。

8）对验证板发生的损伤进行拍照、定位和书面描述。

9）对试件的反应进行视频或照相记录。

10）对撞击前后的试件进行拍照。

4.8 聚能射流冲击试验

现代战争中很多武器都是利用炸药对金属药型罩的作用产生高速金属射流以摧毁目标。高速、高温的聚能射流产生的冲击速度最高达到 8 000 m/s，可以穿透几百毫米的金属钢板，对弹药的防护、贮存构成了极大的威胁。

聚能射流冲击试验能够很好的模拟实战环境下常规导弹弹药及其子系统所受到的射流冲击威胁，并根据试验结果对常规导弹弹药在射流冲击下的安全性进行评估。图 4－15 是射流冲击试验的典型配置图，包括射流弹、调节板、试验件、屏蔽层、测试板等。

试件在受到聚能装药射流冲击时，可能发生的响应有：冲击起爆（SDT）、弓形激波冲击起爆（BSDT）或受损含能材料点火。影响反应程度的因素有：试件的冲击感度、含能材料的约束条件、含能材料受损程度及爆燃转爆轰感度。

4.8.1 试验方法

（1）确定试件

试验前应明确试件质量、尺寸、质心、装药类型和装药量等。如需采用模拟件进行射流冲击试验，模拟件应尽量与常规导弹弹药或其子系统保持一致，对于弹上控制系统等非爆炸部件，可以采用

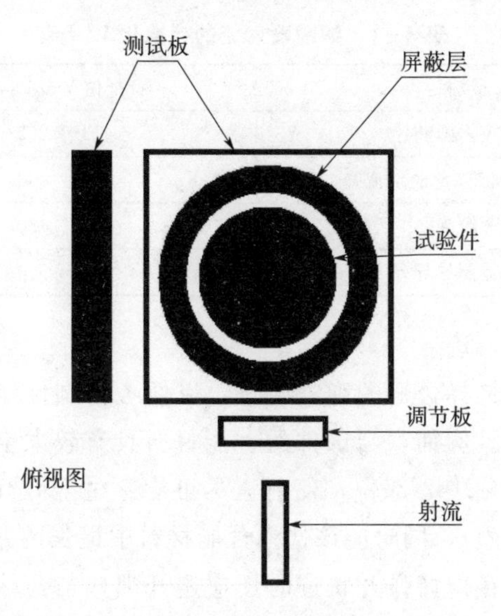

图 4-15 射流冲击试验的典型配置图

相同几何尺寸和等导热系数的结构替代。

(2) 射流强度

冲击载荷的作用强度在爆炸材料初期的作用机理与射流速度的平方乘以射流直径（V^2d）具有比例关系。常见威胁对应的射流冲击载荷的最小 V^2d 值如表 4-1 所示。表中所示值在该项试验中具有可重复性和结果再现性。射流介质密度影响初始过程，试验常用铜喷嘴射流。为了在敏感药表面获得 V^2d 的等量值，有必要调节射流速度。采用的方法是在射流与试件之间放置一块可调钢板，可调钢板的作用是调节射流载荷（V^2d）的分布值。通过调节钢板角度与位置来改变射流速度，该技术已被北约国家熟练掌握。如果采用调节机构，在极小的情形下有可能产生碎片，这将对试件的反应产生影响。在此情形下必须在试件与调节机构之间保证最少 2 倍射流锥形直径的距离，以尽量减少碎片的影响。

表 4-1　铜喷嘴射流的标准化 V^2d 值

威胁	特征值 V^2d/（$mm^3/\mu s$）
顶部攻击弹药箱	200
具有 50 mm 壳壁的射流弹	360
火箭弹	430
反坦克制导导弹	800

（3）弹丸轨迹

根据判断选择合适的弹丸轨迹，以便考核试件受到射流冲击时最危险的情况。例如，当试件的含能材料具有较大空腔时，如固体火箭发动机药柱中心部位，使射流尽可能穿过空腔（通常该类区域的反应更为剧烈），同时应该选择含能材料中最长的路径以加剧反应程度。另外，在选择弹丸轨迹时还应避开那些与药柱尺寸相比较小的目标，如点火器等。

（4）射流距离

根据 THA 所确定的位置对实际射流位置进行定位。由于喷射距离直接影响 V^2d 大小，因此必须将喷射距离看作为射流特性的一部分。考虑到试验结果的再现性和可比较性，最好的情形是一旦喷射距离确定，要求射流微粒在未到达试件的含能材料前不再碎化。

4.8.2　试验装置及测试设备

试验装置及测试设备包括：金属射流弹、起爆装置、冲击波超压测试、高速摄像机、红外摄影等。

金属射流弹的药型罩材料一般为金属铜，射流速度为 5 000 m/s，金属穿透深度为 100 mm 厚装甲钢板。

高速摄像机拍摄试件在射流冲击环境中的反应情况，准确捕捉弹药发生反应的时间点和反应状态，为评判常规导弹弹药在考核试验的反应的剧烈程度提供依据。

红外摄影可以监控弹药是否发生爆轰、部分爆轰、爆炸、爆燃、燃烧等现象。同时试验现场全局摄像，实现试验现场全局布控，以保障人员和设备的安全。

4.8.3　试验流程

1）在参考试验项目工程设计图纸的同时，应确定含能材料内是否存在空腔。如果存在空腔，应选择能使聚能装药穿过最大空腔的冲击位置。否则的话，应选择能使聚能装药穿过最多含能材料的冲击位置。试件的结构应与其战备状态下所采用的结构一致。

2）根据 THA 分析，选择合适的射流弹。对于陆军弹药来说，射流弹一般可采用 50 mm 顶部攻击的聚能装药。

3）选择合适的试验场，地面尽可能水平且没有障碍物；试验应考虑射流弹的最大射程，并保证试件后面有足够的安全区域。

4）平整超压冲击波测带。

5）设置掩体，挖电缆沟。

6）布测试线，连接冲击波超压数据采集系统。

7）将摄影设备放置到位，以记录试件的反应情况。摄影设备的视野、分辨率应满足试验要求，能够确定试件的反应程度。在试验进行的同时，还应该采用普通摄像装置全景记录试验场的情况。

8）对试件进行拍照和目视检查。

9）将验证板放置在试验项目的后部和两侧，以便为试件的反应程度提供证据。

10）将试件固定在试验工装上。

11）将压力传感器布置在设定好的冲击波超压测点上。

12）启动所有测试设备，包括录像设备和冲击波超压测试设备，并且对所有设备进行运行检查。

13）使射流弹对准试件，并将试件固定在所选位置。

14）将所有与启动射流弹无关的人员疏散到安全区域。

15）接通射流弹的引爆机构，所有人员撤退到安全区域。

16）启动引爆机构，在射流弹发生爆炸之后到检查试件之前的 30 min 内，所有人员在安全区域待命；30 min 后确认无异常，相关人员方可进入现场查看试验后试件状态。

17）检查数据采集系统和图像采集设备。

18）若试件没有发生反应或反应程度较轻，检查试件，标记出冲击点，并对试件拍照，作为评估其反应程度的依据。若试件反应较为剧烈，记录试件碎片抛射的位置及尺寸，并对反应程度进行评估；在不影响安全的前提下，收集所有重要的试验后残余物，进行测量和称重。

4.8.4　数据记录及处理要求

1）试件的批号和库存号。

2）射流弹类型、批号以及库存号。

3）试验装置的描述和试验过程的描述。

4）反应类型、相关碎片尺寸以及空间分布。

5）采集的冲击波超压数据，包括峰值压力、冲击波超压达到峰值压力的时间（如果发生爆轰的话）。

6）对验证板的损伤拍摄静态照片、记录位置和书面描述。

4.9　破片冲击试验

破片冲击试验目的是确定常规导弹弹药及其子系统对聚能射流热破片撞击的反应。试件通过破片冲击试验考核的准则是不出现持续性的燃烧反应。破片冲击（破甲装药射流破片冲击）试验是在破甲装药射流冲击试验的基础上研究射流冲击形成的装甲破片对武器系统的威胁。

4.9.1　试验方法

试验前应明确试件质量、尺寸、质心、装药类型和装药量等。如需采用模拟件进行破片冲击试验，模拟件应尽量与常规导弹弹药或其子系统保持一致，对于弹上控制系统等非爆炸部件，可以采用相同几何尺寸和等导热系数的结构替代。

典型试验装置如图 4 - 16 所示。破片是用 81 mm 精确成型装药撞击 25 mm 厚的轧压均质装甲板（RHA）来产生的。81 mm 精密成型装和轧压均质装甲板之间的相隔距离应为 147 mm。试验有效区域的破片分布最小应达到 4 块破片/6 450 mm^2。试验应至少进行两次。

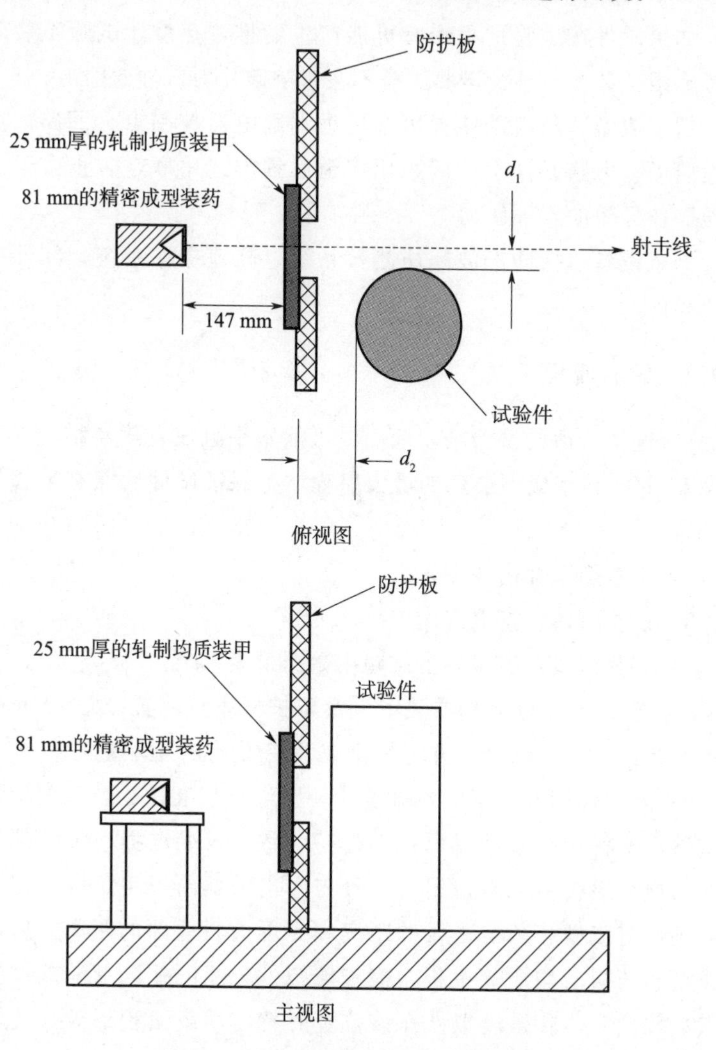

图 4 - 16　典型的破片冲击试验装置

4.9.2 试验装置和测试设备

破片冲击试验中的破片是由均质装甲板在受到精密成型装药撞击后产生的，因此试验需要由不会碎裂的防护板固定会碎裂的25 mm厚均质装甲板。

如果试件在试验过程中有可能产生助推，在设计试验工装时需要考虑限位装置，整个试验工装不会影响破片对试件的撞击。

精密成型装药启动装置可选用远端继电器控制点火回路，实现远程启动，电路设计上一般采用多道解锁方式串联，防止由于干扰或误操作导致的意外启动。

测试设备包括冲击波超压测量系统、高速摄像系统、红外摄像系统等。

4.9.3 试验流程

1）选择合适的试验场，地面尽可能水平且没有障碍物；试验应考虑 81 mm 精密成型装药的最大射程，并保证试件后面有足够的安全区域。

2）平整超压冲击波测带。

3）设置掩体，挖电缆沟。

4）布测试线，连接冲击波超压数据采集系统。

5）将 25 mm 轧制均质装甲板及防护板垂直放置在距 81 mm 精密成型装药 14.7 cm 处，并与精密成型装药射击线垂直。

6）采用模拟件对聚能射流破片装置进行校准试验，该模拟件应与试件在形状和有效承载面积上保持一致；校准过程中将模拟件放置在均质装甲板后某一位置上，且与射击线偏离一定角度，记录模拟件到精密成型装药射击线的距离和到屏蔽板后部的距离；启动精密成型装药撞击均质装甲板，检查模拟件，标记并记录模拟件的冲击点数并拍照，获得模拟件在该位置时特定承载面积下破片的击中密度，以确定该区域的破片密度。

7）重复步骤6）直至确保某一区域内破片分布最小达到4块破片/6 450 mm^2，并将该区域确定为试验有效区。

8）将摄影设备放置到位，以记录试件的反应情况；摄影设备的视野、分辨率应满足试验要求，能够确定试件的反应程度；在试验进行的同时，还应该采用普通摄像装置全景记录试验场的情况。

9）对试件进行拍照和目视检查。

10）将试件固定在试验工装上。

11）将压力传感器布置在设定好的冲击波超压测点上。

12）启动并重置所有测试设备，包括录像设备和冲击波超压测试设备，并且对所有设备进行运行检查。

13）将精密成型装药对准均质装甲板的中心，将所有与启动精密成型装药无关的人员疏散到安全区域。

14）接通精密成型装药的引爆机构，所有人员撤退到安全区域。

15）启动引爆机构，在精密成型装药启动之后到检查试件之前的30 min内，所有人员在安全区域待命。

16）检查数据采集系统和图像采集设备。

17）若试件没有发生反应或反应程度较轻，检查试件，标记出冲击点，并对试件拍照，作为评估其反应程度的依据；若试件反应较为剧烈，记录试件碎片抛射的位置及尺寸，并对反应程度进行评估；在不影响安全的前提下，收集所有重要的试验后残余物，进行测量和称重。

4.9.4　数据记录及处理要求

需要提供每次校准试验的结果。另外，对于每次聚能射流破片冲击试验，需要记录以下数据：

1）试件的批号和库存号。

2）精密成型装药的类型、批号和库存号。

3）对试验装置和所有校准试验及正式试验过程的描述和记录。

4）反应类型、相关试件碎片尺寸和空间分布。

5）如果试件一直保持安全，记录破片冲击的数量。

4.10 殉爆试验

当弹药发生爆炸时，爆炸所产生的爆轰波和爆炸碎片导致间隔一定距离的另一弹药发生爆炸的现象，称为殉爆。换而言之，某一装药的爆炸能够引起与其相距一定距离且被惰性介质隔离的装药的爆炸。激发爆轰的装药称为主发装药，被激发爆轰的装药称为被发装药。由于殉爆的存在，使弹药的储存更加复杂，要考虑各个弹药之间以及弹药库的距离。否则一旦一个弹药意外引爆会引起其他弹药及弹药库引爆，造成无法挽回的后果。

殉爆试验是通过引爆主发装药，观察在主发装药爆炸能量的作用下，是否引起放置在规定距离的爆炸性物质、爆炸性物品包件、无包装爆炸性物品发生殉爆的现象，采用验证板和冲击波超压作为试验判别的依据。从而判定弹药在受试状态下，生产、贮存、运输和销毁过程是否存在殉爆危险。

殉爆试验通常有以下作用：1）评估在服役状态下，当主发装药发生最坏反应时，一个或多个被发装药的响应，对应的服役状态为勤务贮存、运输和战备状态下的储存环境；2）确定弹药对殉爆反应的敏感度；3）为弹药包装、隔离设备及掩体的有效性提供指导；4）获得弹药的临界殉爆距离和殉爆安全距离。

4.10.1 试验方法

试验前应明确试件质量、尺寸、质心、装药类型和装药量等。如需采用模拟件进行射流冲击试验，模拟件应尽量与常规导弹弹药或其子系统保持一致，对于弹上控制系统等非爆炸部件，可以采用相同几何尺寸和等导热系数的结构替代。还需了解试件是否有点火装置、有无包装、包装类型等。并对主发装药爆轰后，冲击波超压、殉爆安全距离等进行估算，从而为确定测试点、选择超压传感器量程、被发装药放置确定等提供依据。

（1）试验测点设计

采用以冲击波为主的殉爆试验测点设计。根据主发药试件的装药类型和装药量，按照对应公式计算其 TNT 当量。

在主发药的另一侧布置冲击波超压测试带。为了使确定的相对爆炸效率尽可能的准确可靠，将测量的压力传感器布置在冲击波峰值超压小于 0.4 MPa，大于 0.02 MPa 的范围之内，而且压力传感器个数不能少于设定个数。图 4－17 为某试验中确定主发装药激发能力的冲击波超压测点布局图，该试验中以主发装药为顶点，在 X 轴和 Y 轴两个方向上共布置 16 路测点，布置如下。

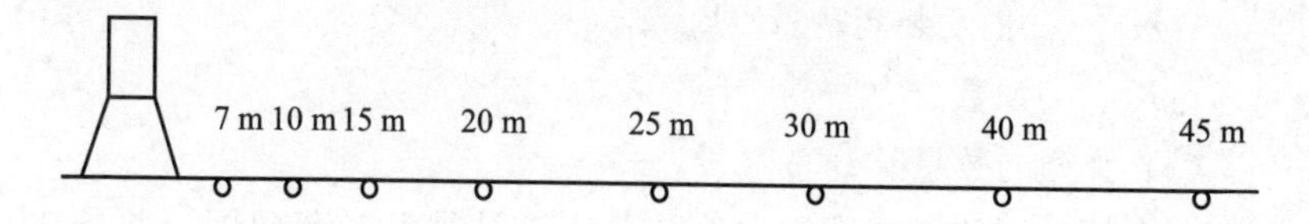

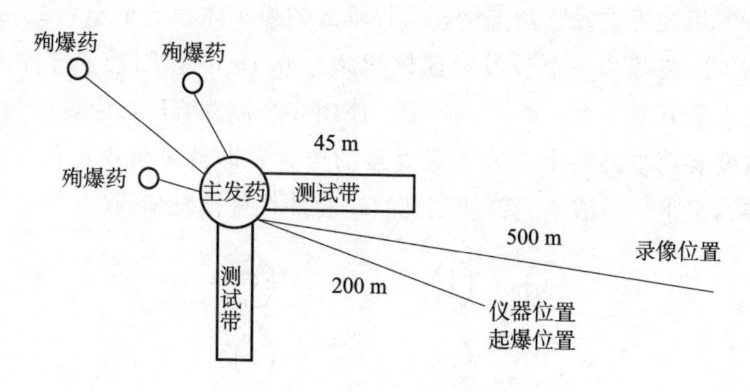

图 4－17 某试验测点布局图

（2）殉爆距离的确定

殉爆安全距离是主发装药爆炸而不引起被发装药爆炸的最小距离。殉爆与如下三方面因素有关。

1）主发装药的激发能力，表示这方面性质的量主要是与主发装药冲击力有关的量，例如主发装药的质量、能量，以及引爆方向。

2）被发装药接受激发的能力，主要表征量为被激发装药的感爆特征，例如被发装药的热感度和冲击感度等。

3）主发装药和被发装药间介质的性质和条件，例如主发装药和被发装药之间的介质可能是空气，也可能是水、墙、钢板等密实材料，其条件可能是正常条件，也可能是二者之间有某种渠道相通或某些障碍相隔。

按照冲击峰值超压和冲量的相似准则，在其他条件确定的情况下殉爆距离与药量的关系可表示为

$$R = Km_e^{\frac{1}{2}\sim\frac{2}{3}}$$

式中 R——殉爆设防安全距离（m）；

m_e——主发装药药量（kg）；

K——系数。

（3）弹药的数量及分布

在存储堆放的形式下，主发装药应该被被发装药包围，并且在外围用钝感被发装药围堵，这种堆放的最小体积不小于0.15 m^3，如果主发装药和一个被发装药体积超过0.15 m^3，则需要2个被发装药，最好是3个。图4-18中，使用3个被发装药，应排列为：3个被发装药中的两个应处于最直接的位置，即被对角攻击的位置。包装情况下，一般不允许使用钝感试验件代替被发装药。

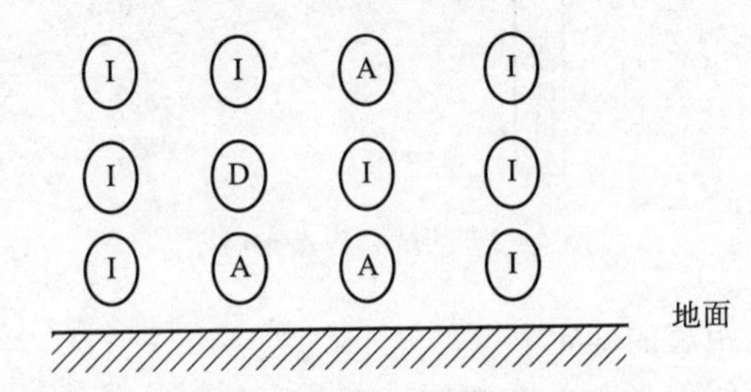

图4-18 殉爆试验中弹药的存储堆放形式

注：D—主发装约；I—钝感弹药；A—被发装药

（4）引爆方式设计

殉爆试验的引爆方式包括：聚能射流弹引爆和传爆序列引爆。

聚能射流弹引爆是通过将聚能射流弹安装在试件含能材料的相应位置，并将引爆控制系统与射流弹点火器连接，启动引爆控制系统，点火电流传输至点火器，起爆射流弹，引爆主发装药。

在传爆序列引爆中，为保证主发装药能完全爆轰，根据主发装药的装药类型和装药量，结合理论计算得到所需的传爆药量。通常选用中心起爆方式，用塑料导爆管及导爆雷管为一级激发源，B 炸药为二级激发源。

4.10.2　试验装置及测试设备

殉爆试验的试验装置包括引爆控制系统和试件工装。如试件在试验过程中可能产生助推，在设计工装时应考虑限位装置。

殉爆试验设备主要包括冲击波参数测量系统（冲击波超压传感器、高速数据采集系统）和高速摄像机等。

（1）冲击波参数测量系统

冲击波超压参数的测量是判断主发装药激发能力和被发装药响应程度的重要依据。冲击波超压传感器将爆炸后产生的冲击波压力信号转换成电信号，通过信号适调仪输入数据采集仪，得到冲击波超压时程（冲击波超压—时间曲线），确定峰值超压。

①冲击波超压传感器

1）压力传感器类型的选择：由于被测压力冲击频响较宽、建议选用电荷型压力传感器，该类传感器具有频率响应范围宽、使用温度范围宽和良好的线性及重复性等特性。

2）压力量程的确定

$$\Delta p = 0.102\,\frac{\sqrt[3]{w}}{r} + 0.399\left(\frac{\sqrt[3]{w}}{r}\right)^2 + 1.26\left(\frac{\sqrt[3]{w}}{r}\right)^3$$

式中　w——TNT 量，单位 kg；

r——距离，单位 m；

Δp ——冲击波超压，单位 MPa。

②高速数据采集系统

高速数据采集系统用来采集冲击波超压等数据。采集系统包括供电系统、测试系统（数据采集模块、信号调理及模数转换模块）、信号传输系统、计算机及数据处理软件等。

由于殉爆试验的危险性，其通常是在野外作业，所以需要考虑设备供电问题，应该配备野外作业供电系统，为保证供电方便可靠，一般供电系统可由发电机和 UPS 系统组成，当发电机意外停机时，UPS 可继续为测试设备供电。

对于测试系统，要求其具备高速响应能力，因为殉爆试验可能在瞬间发生爆炸、燃烧转爆轰、冲击起爆等反应，准确判断试件的响应是评估常规导弹弹药及其子系统安全性的前提，因此，要求试验测试系统的响应速率非常高：连续采样率应该达到 512 kHz/通道。另外，由于殉爆试验采样频率高，极短的时间内其数据就会将内部的数据备份系统写满，如果提前设定记录时间，一旦爆炸提前发生可能采集不上数据，导致数据丢失，一旦爆炸延后，数据存储满了，依然无法获得有效数据，最终也会导致数据丢失。因此，触发方式对于殉爆试验尤为重要，需要试验设备在试验开始时就采集数据，当冲击波压力达到一定值时，对该点以前一段时间和之后一段时间的数据进行存储，就会保证准确获得有效的爆炸数据，不会丢失数据或采不上数据，所以要求测试系统具备负延迟触发方式。

对于信号传输系统，考虑到外场试验及其安全性，测试设备在前台，通过垒沙袋、挖防护坑道并采用防护罩对测试设备进行保护，人员和测控车则在安全距离之外，此时测控车与冲击波超压测试设备之间的距离可能会达到几百米甚至几千米，为保证数据的可靠传输可以通过光端设备采用光缆传输。

数据处理软件采取模块化设计原则，以按钮方式选择不同功能。其主要功能有：数据读取、自动检测、曲线绘制、打印及存盘等。当数据记录仪与计算机连接时，数据处理软件可对数据记录仪进行参数设置、状态检测和数据读取。另外，数据处理软件还可对回收数据进行图形显示、时间测量、频率测量和幅值计算，也可以将数据根据需要导出为JPG或TXT格式的文件以便使用第三方软件进行数据分析。

(2) 录像设备

使用高速录像机殉爆试验全过程，高速机录像采集速率可达6 000幅/s，分辨率1 280×800，如降幅使用，采集速率可提高到10 000幅/s以上，分辨率则会降低在1 280×400左右。

使用普通录像机记录殉爆试验全过程，并对信号进行同步传输，将试验实时视频传导至远程测试车内，参观人员可在测试车内观察试验现场情况。

录像设备需要相应的防护装置。要求能够观测爆炸反应火球直径和火球长大速度，能够观察到殉爆反应历程。

4.10.3　试验流程

1) 参考试件的THA分析，确定能够代表最大理论殉爆威胁的存储或运输配置；如果试件的数目足够多，可以考虑进行多种配置或某一单一配置的重复试验；考虑包装的对称性，确定哪种所选配置的试件可以用假弹模拟，哪种包装配置的试件可以用来代表主发弹药和被发弹药。

2) 获得所选存储配置的假弹的正确数量。

3) 确定主发弹药，起爆状态尽量采用主发装药的原有配置。

4) 如果试件中含有火箭发动机或推进装置，应设计一种适当的工装或抑制机构，当殉爆试验期间发生推进反应时，该工装或机构可以用来牵制试件以防止其发生助推。

5) 选择合适的试验场，试验场地应远离居民区及公共交通设施且足够开阔。

6) 平整超压冲击波测带。

7) 设置掩体，挖电缆沟。

8）布测试线，连接冲击波超压数据采集系统。

9）将压力传感器布置在设定好的冲击波超压测点上。

10）进行标定试验，以确定主发装药产生的冲击波超压的近似量值。应该采用以下步骤：

a）采用压力传感器来测量主发装药所产生的冲击波超压，传感器的安装位置应与地表等高或者在地面以上，传感器的感应面应与预计的爆轰气流方向平行；如果传感器的安装高于地表，应设计传感器安装夹具，来降低气流扰动对测试的影响；

b）选择用于标定试验的标定装药代替主发装药；

c）将标定装药放置在试件应该放置的位置上；

d）启动所有测试设备，包括录像设备和冲击波超压测试设备，并且对所有设备（包括传感器）进行运行检查；

e）将所有与启动标定装药无关的人员疏散到安全区域；

f）接通标定装药的引爆机构，所有人员撤退到安全区域；

g）启动引爆机构引爆标定装药，记录传感器的所有压强数据；

h）在标定装药启动之后到检查试件之前的 30 min 内，所有人员在安全区域待命；

i）处理压强数据，确定标定装药在各测点对应的峰值压力。

11）将验证板放置在预定位置，如主发装药的下部、侧面和包装配置的顶部等。

12）检查压力传感器，确保其状态正常。

13）将用来记录试件的反应高速摄影设备调整至待触发状态，摄像机的视野应能够覆盖整个试验场地，以记录反应的剧烈程度；整个试验场地的视频图像应与试验控制区域的监视器相连；在试验进行的同时，还应该采用普通摄像装置全景记录试验场的情况。

14）对主发装药和被发装药进行拍照和目视检查。

15）按照步骤 1 所选的配置放置主发装药和被发装药，如果试件中包含火箭发动机或推进装置，将可能产生助推的试件安装在步骤 4 中描述的工装或抑制机构上。

16）对组装好的配置进行拍照。

17）启动并重置所有测试设备，包括录像设备和冲击波超压测试设备，并且对所有设备进行运行检查。

18）将所有与启动引爆机构无关的人员疏散到安全位置。

19）连接引爆机构，将所有人员疏散到安全位置。

20）启动引爆机构引爆主发装药，测试设备和摄像设备工作，记录相关测试数据和图像数据，在主发装药启动之后到检查试件之前的 30 min 内，所有人员在安全区域待命。

21）检查数据采集系统和图像采集设备。

22）对残余的试件和验证板进行检查和拍照。对反应强度进行初步评估，记录试件碎片抛射位置；在不影响安全的前提下，收集所有重要的试验后残余物，进行测量和称重。

4.10.4　数据记录及处理要求

1）批号、试件类型（主发弹药或被发弹药），以及每个试件的编号。

2）试验装置的描述（包括所有压力传感器的位置）和试验过程的描述。

3）被发弹药反应类型、相关碎片尺寸以及空间分布。

4）如果采用了压力传感器，采集冲击波超压数据，包括峰值压力和峰值压力对应时间（如果发生爆轰的话）。

5）试验后观察板静态照片，书面描述验证板上碎片的位置和分布情况。

6）试件反应的视频或照相记录。

7）在主发弹药发生爆轰前后，所有试件的静态图像。

4.11　安全性试验评估技术

由于常规导弹弹药在其寿命周期内面临的威胁因素非常多，安全性标准体系不可能覆盖所有威胁因素，因此，武器使用和研制部门、试验机构应全面评估武器系统在其全寿命周期内可能受到的威胁，及受到威胁时的战术和后勤方面的安全性，以此确定参照安全性标准体系的试验是否充分，并选择最有可能的、可信的及对生命、财产、或战斗力造成最大伤害的激励，调整试验项目及确定试验参数，并提供相关数据以支持评估。

4.11.1 反应类型

反应类型包括爆轰、部分爆轰、爆炸、爆燃、燃烧、助推、无反应等。

(1) Ⅰ型（爆轰反应 Detonation Reaction）

最激烈的爆炸。爆炸波在含能材料中自行传播，其反应区向未反应物质中推进的速度大于音速，并对周围介质，例如空气或水产生激烈的冲击，使金属等材料产生非常迅速的塑性变形和广泛地分裂。所有含能材料将消耗。影响包括大规模的地面弹坑、碎片和超压爆炸气流冲击损坏附近的结构。

(2) Ⅱ型（部分爆轰反应 Partial Detonation Reaction）

第二激烈的爆炸。部分含能材料参与爆轰反应。形成强烈的冲击，一些物质分成小碎片；能生产地面弹坑，邻近金属板可能被损坏，将会有超压爆炸气流损坏附近的结构。在压力破裂（脆性断裂）情况下部分爆轰也可以产生大量碎片。相对爆轰反应，其损害的数额取决于引爆材料。

(3) Ⅲ型（爆炸反应 Explosion Reaction）

第三猛烈的爆炸。点火并迅速燃烧，在含能材料局部形成高压，导致破坏性压力，使结构产生断裂。金属件产生大的碎片，往往抛出很远。未反应和燃烧的含能材料被抛出，火和浓烟的危害继续存在。空气中产生的冲击可能造成附近结构的损害。爆炸和高速碎片可能会造成轻微的地面弹坑和邻近金属板的损坏，爆破压力低于爆轰。

（4）Ⅳ型（爆燃反应 Deflagration Reaction）

第四猛烈的爆炸。含能材料点火燃烧导致低强度压力释放或排气关闭。物质可能破裂，但不形成碎片，并且未燃烧或燃烧的含能材料可能被抛出并加强火势。推进系统可能产生不安全的试验项目，造成了额外的风险。没有爆炸或大的碎片破坏周围环境，只有高能材料燃烧产生的热和烟雾造成的损害。

（5）Ⅴ型（燃烧反应 Burning Reaction）

最轻微的爆炸。含能材料进行剧烈的氧化还原反应，伴随发光和发热现象，含能材料可能会裂开、熔化或变脆，让燃烧释放的气体排放。碎片停留在火内。该碎片不会造成人员伤害也不会被抛出超过 15 m。

4.11.2　评判准则

各类安全性试验的通过准则见表 4-2。

表 4-2　各类安全性试验的通过准则

序号	试验类型	通过准则
1	跌落试验	没有爆炸反应，没有试验件破裂或爆炸材料泄漏。试验件可以按正常爆炸物处理程序进行安全处理
2	火箭橇撞击试验	在某一特定速度下，不发生比Ⅴ更剧烈的反应
3	快速烤燃试验	不发生比Ⅴ更剧烈的反应
4	慢速烤燃试验	不发生比Ⅴ更剧烈的反应
5	枪击试验	不发生比Ⅴ更剧烈的反应
6	碎片撞击试验	不发生比Ⅴ更剧烈的反应
7	聚能射流冲击试验	不发生比Ⅲ更剧烈的反应
8	破片冲击试验	不发生比Ⅴ更剧烈的反应
9	殉爆试验	不发生比Ⅲ更剧烈的反应

4.11.3　判定流程

通常，安全性试验需要根据其试验中试件残骸、碎片抛射情况、含能材料消耗情况等判定安全性试验的反应类型，图 4 - 19 为安全性试验判断反应类型的简易流程图。在简易流程图无法精确判定反应类型的情况下，可以结合试验中获得的冲击波超压、温度数据和高速摄影、红外摄影图像进行进一步的分析和判定。

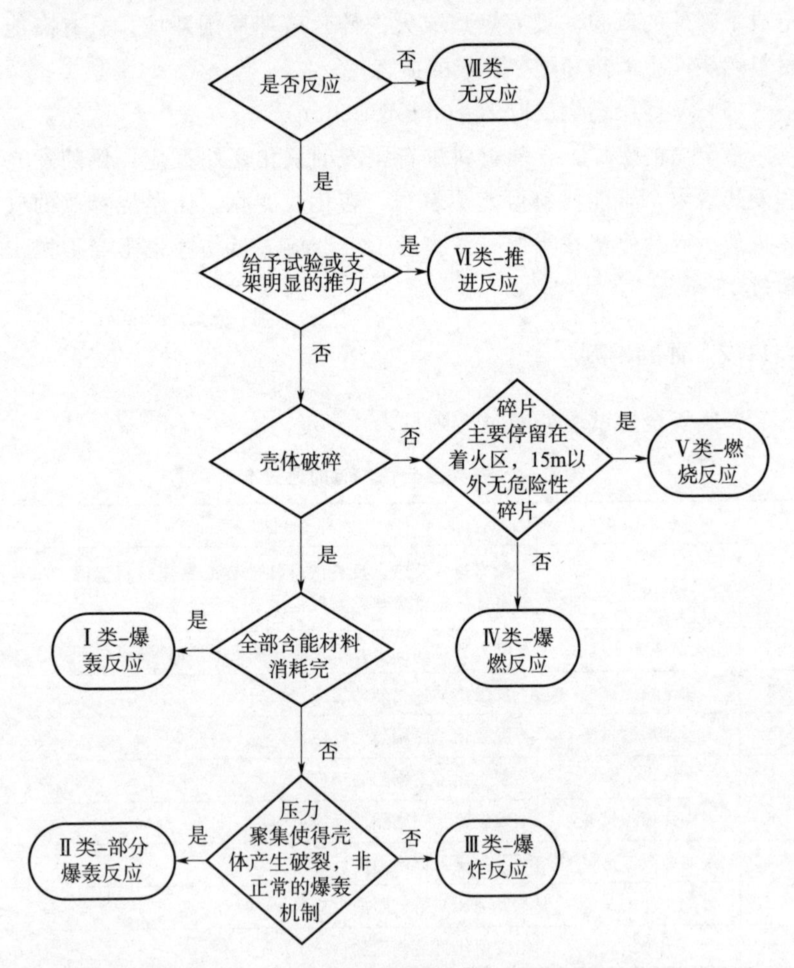

图 4 - 19　安全性试验判断反应类型的流程图

第5章　安全性试验在国外常规导弹弹药中的应用

美国、英国、法国、澳大利亚等多个国家对其在用和正在研制的多个型号导弹的评估中都开展了安全性试验。目前，仅美国海军就有超过40种弹药系统已经采用了钝感弹药技术，并进行了全弹或子系统的安全性试验，如战斧导弹、标准导弹、改进海麻雀导弹、响尾蛇导弹、企鹅导弹、ESSM导弹、MK50、MK80系列炸弹等。

下面就几个具有代表性的安全性试验在国外常规导弹弹药评估中的应用做一简单介绍。

5.1　PAC-3导弹安全性试验

美国曾针对爱国者先进能力-3（PAC-3）导弹计划开展了一项名为美国陆军空间与导弹防御指挥部（USASMDC）钝感弹药/最终危险分类（IM/FHC）综合试验计划，该计划进行了一系列缩比尺寸试验，并根据该结果和THA分析，并在1997—1998年进行了全尺寸钝感弹药/最终危险分类试验。PAC-3导弹系统所要求的全尺寸钝感弹药/最终危险分类试验按计划成功进行。该计划的特点是采用合理的方法将战术导弹和最终危险分类的要求结合起来，节省了费用，充分利用了威胁危险评估方法和缩比尺寸试验。

表5-1总结了PAC-3导弹钝感弹药/最终危险分类全体尺寸试验结果。

表 5-1　PAC-3 导弹钝感弹药/最终危险分类全体尺寸试验结果

试验项目	受试系统	试验条件描述	安全性试验结果
殉爆试验	杀伤增强器	并排放置两个发射筒，每个发射筒内安装一个杀伤增强器，引爆其中一个	没有发生殉爆反应通过安全性试验
子弹撞击试验	杀伤增强器	发射筒内放置一个杀伤增强器，用3～7.62 mm 口径子弹射击，射击速度为701.04 m/s	没有发生比燃烧更剧烈的反应通过安全性试验
子弹撞击试验	姿态控制部件	发射筒内放置一个姿态控制部件，用3～7.62 mm 口径子弹射击，射击速度为701.04 m/s	没有发生比燃烧更剧烈的反应通过安全性试验
碎片撞击试验	杀伤增强器	发射筒内放置一个杀伤增强器，用射击速度为 1 973.88 m/s 的军用碎片撞击	发生爆炸反应没有通过安全性试验
碎片撞击试验	姿态控制部件	发射筒内放置一个姿态控制部件，用射击速度为 1 973.88 m/s 的军用碎片撞击	没有发生比燃烧更剧烈的反应通过安全性试验
子弹撞击试验	固体火箭发动机	发射筒内放置一个固体火箭发动机，用 3～7.62 mm 口径子弹射击，射击速度为 701.04 m/s	发生爆燃 产生助推 产生碎片 有热通量
碎片撞击试验	固体火箭发动机	发射筒内放置一个固体火箭发动机，用射击速度为 1 973.88 m/s 的军用碎片撞击	发生爆燃 产生助推 产生碎片 有热通量
快速烤燃试验	模拟弹	在发射筒内填充两节惰性部件和两节活性部件（模拟弹及发动机）燃料着火时间 55 min，平均温度 888.89 ℃	发生爆燃 产生助推 产生碎片 有热通量

具体试验装置及试验方法如下。

5.1.1　子弹冲击试验

研究人员分别对杀伤增强器（LE）、姿态控制系统（ACS）和发动机分别进行了子弹冲击试验。在每个试验中，装在发射筒段（canister section）内的试验对象被放置在试验台上，如果发生任何爆轰的话，试验台也可以作为验证板。在每个试验之前，研究人员将 Comp C－4 爆炸性标定装药引爆，对冲击波超压测量系统进行标定。子弹冲击试验中，从 M－60 机枪中发射了三枚 7.62 mm×51 mm全金属壳体子弹。子弹速度达到 2 300 英尺/秒枪口速率。每个试验都配备了 4 组超压传感器（每组 5 个）、实时录像和高速摄像机。图 5－1 为试验的总体布局图。

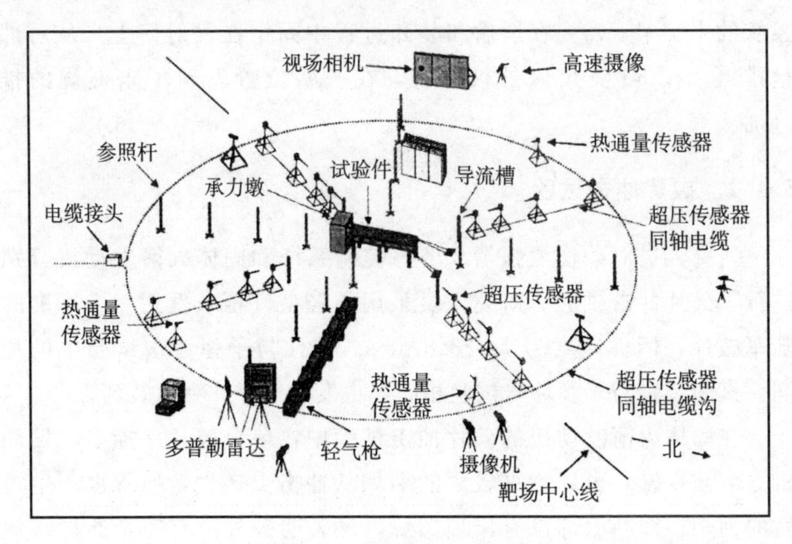

图 5－1　试验总体布置图

在发动机子弹冲击试验之前，发射两枚爆炸标定子弹以覆盖发动机可能的爆炸范围。装在发射筒内的固体火箭发动机在两端进行了固定，以避免点火引起的显著移动。发动机头部末端装有金属杆环，4 根长杆穿过杆环相互连接并延伸至前盖板。然后，这些杆与推力测量组件相连，推力测量组件与止推座相连。这可以对试验中产生的推力进行测量。发动机后部末端用电缆进行固定，地脚螺栓进入地面 8 英尺（1 英尺＝0.304 8 米）。PAC－3 导弹的固体火箭发动机采用与壳体粘接的 HTPB/AP/Al 复合推进剂，药重超过 300 磅（1 磅＝0.453 6 千克），发动机直径 10 英寸（1 英寸＝2.54 厘米）。发动机头部末端安装了压力传感器，以帮助估算试验推力。

子弹发射后，立刻就能观察到发动机被点燃以及后部的火焰。头部的火焰（子弹进入处）晚一点出现。录像显示，喷管排气持续了几秒钟，喘息燃烧非常明显。发动机燃烧持续了约 60 s。没有发生显著的爆炸。试验结束后发现，发射筒/发动机系统几乎烧尽。发动机前段仍位于试验台上，由推力试验台上的 4 根杆固定。发动机后部位于地面上，距离试验台约 15 英尺，仍与电缆相连。导弹限制系统的十字架（需要在运输和装卸过程中固定在发射筒上）从后部被排出，在 50 英尺以外被发现。在一些位置发现了未燃烧的推进剂。

5.1.2 破片冲击试验

研究人员对杀伤增强器、姿态控制系统和固体火箭发动机分别进行了破片冲击试验。研究人员采用了轻型气枪来发射一个标准的陆军破片，标称速度为 1 828.8 m/s。试件与子弹冲击试验中的相同。试验装置与子弹冲击试验相同。也发射了爆炸标定装药。

在固体火箭发动机的破片冲击试验中，单个破片一撞击，发动机立刻被点燃，可以看见较大的羽烟从冲击点产生，喷管也产生短暂的羽烟。样品后部没有出现燃烧，这表明破片没有完全通过常规导弹或其子系统。发动机燃烧时间约为 80～90 s，信号特征不断减小。试验后检查显示，在试验中发动机在试验台上晃动剧烈，但被头部末端推力组合件和后部末端电缆固定住，没有从试验台上跌落下来。样品的弯曲变形非常明显，表明产生了侧向推力。试验中没有产生明显的空气爆炸。尾部十字形部件被弹出，在 172 英尺以外被找到。止推板组合件一侧松开，表明侧向推力较大。对推力数据的初步分析显示，产生了显著的短时间推力。

5.1.3 快速烤燃试验

在发射筒内填充两节钝感部件和两节敏感部件（模拟弹头及发动机），燃料着火时间 55 min，平均温度 888.89 ℃。图 5 - 2 和图5 -

3 分别为快速烤燃试验前后试件及试验装置的状态。

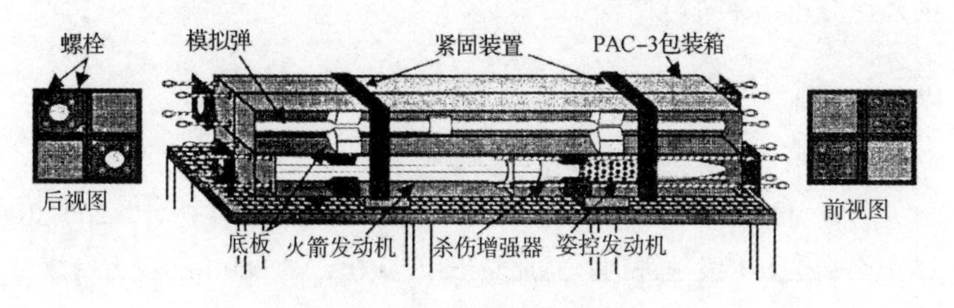

图 5-2　快速烤燃试验前

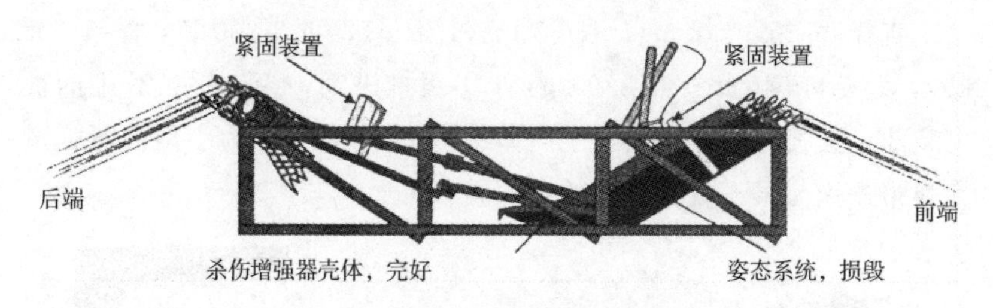

图 5-3　快速烤燃试验后模拟图

5.2　小型洲际战略导弹发动机殉爆试验

美国空军推进实验室（AFRL）利用两发小型洲际弹道导弹（SICBM）火箭发动机进行了殉爆试验，其间隔距离为 15 ft (4.6 m)，为该导弹贮存、运输条件下的最大典型间隔距离。主发装药为第一级小型洲际弹道导弹发动机［装药 19 200 lbs (8 709 kg) 爆轰 1.1 级推进剂］，被发装药为第三级小型洲际弹道导弹发动机［装药 3 040 lbs (1 379 kg) 爆轰 1.1 级推进剂］。殉爆试验在 1-36D 试验区进行，该试验区可用于进行大型火箭发动机、火箭发动机部组件或推进剂的危险性试验，可进行 1 000 000 磅（～453 500 kg）TNT 或 30 000 磅（～13 500 kg）固体推进剂的爆炸试验。试验目的在于通过发动机典型贮存条件下的殉爆试验，获得碎片撞击、冲击起爆压力等试验参数，与劳伦斯·利弗莫尔国家研究所（LLNL）的理论分析结果进行比较。

5.2.1 试验件描述

（1）小型洲际弹道导弹第一级发动机

直径 46 in（1.2 m），长 220 in（5.6 m），装药 19 200 lbs（8 709 kg）1.1 级推进剂，总质量 22 000 lbs（9 980 kg）。为殉爆试验中的主发装药，无喷管。

（2）小型洲际弹道导弹第三级发动机

直径 46 in（1.2 m），长 55 in（1.4 m），重 3 300 lbs（～1 500 kg），装药 3 040 lbs（1 379 kg）1.1 级推进剂。为殉爆试验中的被发装药，无喷管。竖直放置于支撑结构上。图 5-4 为小型洲际弹道导弹第一级与第三级发动机的照片。

图 5-4 小型洲际弹道导弹第一级发动机（左）与第三级发动机（右）照片

5.2.2 试验测量与观察

试验中使用的测量与测试设备有：超压传感器、四通道触发电路、PVF2 测量计、冲击波超压传感器、收集碎片的验证板及摄像系统等。试验布局图如图 5-5 所示。

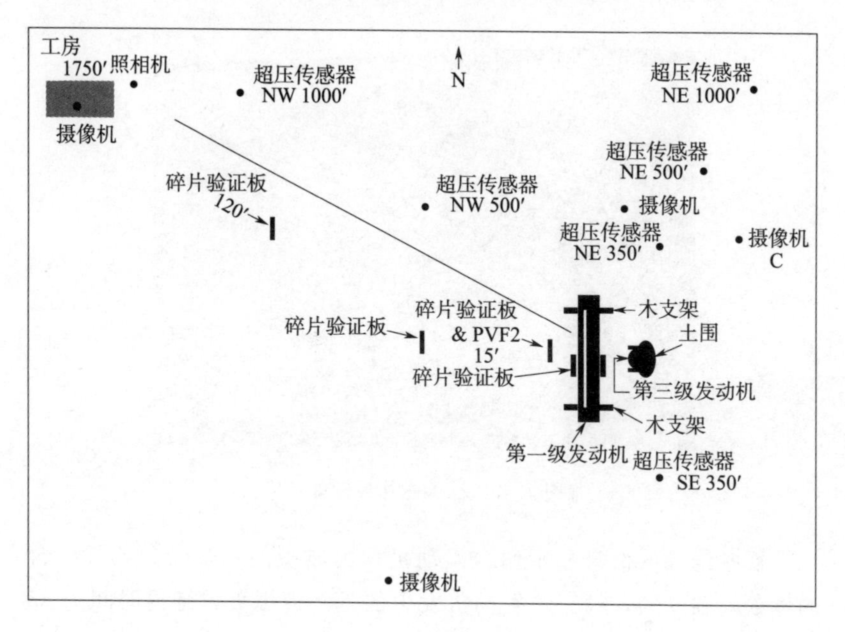

图 5-5　试验布局图

5.2.3　试验现象与试验结果

试验中爆炸产生的 TNT 当量为 28 022 lbs（约 12 711 kg），60 英里以外都有震感；第三级发动机发生了殉爆响应，所有用于收集碎片的验证板等均由于爆炸和冲击波而毁坏。图 5-6 和图 5-7 分别为试验爆炸照片和爆炸后的弹坑。

图 5-6　试验爆炸照片

图 5-7　试验爆炸后的弹坑

视频记录的信息显示两台发动机均为典型的完全爆轰，且各自的爆轰是独立的，第三级发动机发生的是延迟爆轰，延迟时间为 25 到 50 毫秒。PVF2 测量计显示了压力数据，个别高点可能是由于壳体碎片撞击导致（见图 5-8）。超压数据如图 5-9 所示，超压的实测值与预测值非常接近。

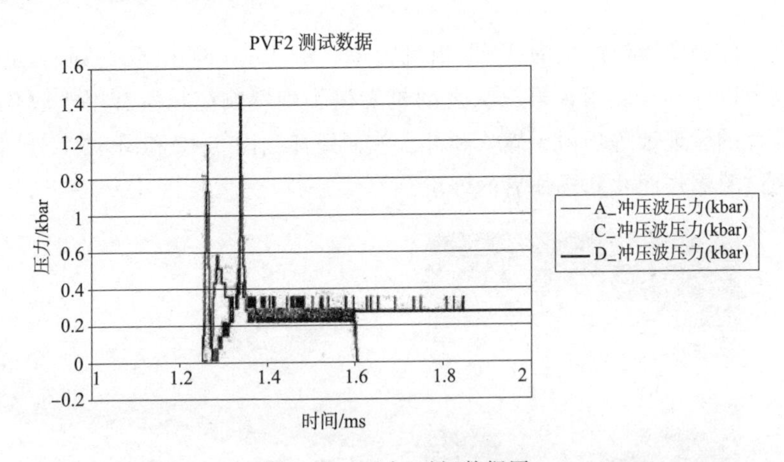

图 5-8　压力-时间数据图

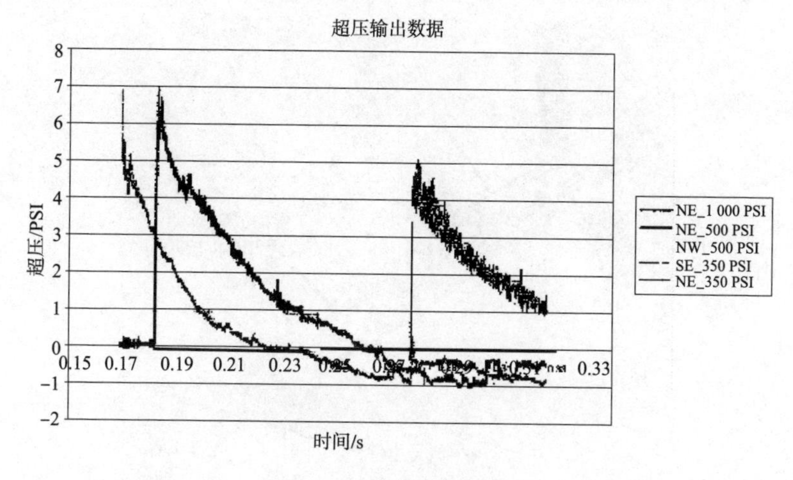

图 5－9　冲击波超压数据

试验结果表明第一级发动机被引爆后，其碎片撞击所产生的冲击危害远低于发动机爆轰时的气流冲击；碳纤维壳体所产生的碎片具有较低的动能，第三级发动机壳体被第一级发动机壳体碎片穿透的可能性基本没有，与金属壳体相比，复合材料壳体的碎片危险性更小。

5.3　PGB 精确制导炸弹

PGB 结构精确制导炸弹包括制导组件、侵彻战斗部、引信、尾翼组件等，其中侵彻战斗部弹头在 MK82 标准弹头的基础上增加了杀伤增强器，内部装药为 PBXN－109。

美国某研究中心对该弹药的全寿命周期剖面进行了危险性分析，包括弹药在服役期间可能受到的极限环境影响及受到的攻击，这些环境和攻击对弹药的影响和危害性等。危险性分析结果表明：快速烤燃、子弹撞击、碎片撞击、慢速烤燃是该弹药在勤务和作战环境下最有可能的、可信的及对生命、财产或战斗力造成最大伤害的激励。

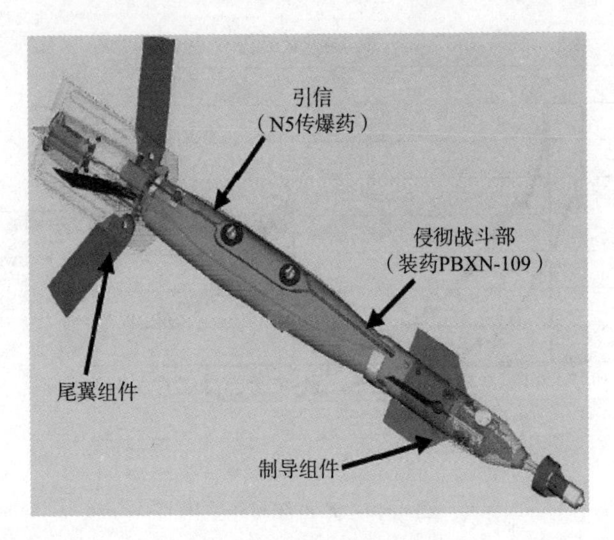

图 5－10 PGB 的结构图

该中心对上述四种情况进行了仿真计算（如图 5－11 所示）。子弹撞击和碎片撞击的仿真中，以子弹或碎片与弹药壳体表面接触瞬间作为时间零点，分析了弹药局部壳体、内部含能材料的变形、应力应变场云图和温度场云图，仿真结果表明，子弹撞击情况下弹药不会发生比燃烧更剧烈的反应，碎片撞击情况下弹药可能会发生爆燃，甚至会导致延迟爆轰。在慢速烤燃和快速烤燃的仿真计算中，获得弹药在不同时间点的温度梯度图，计算结果表明，慢速烤燃情况下弹药可能会发生喘息燃烧，而在快速烤燃情况下，弹药可能会发生燃烧、爆炸、甚至爆轰等现象。

该中心对 PGB 进行了子弹撞击、碎片撞击、快速烤燃、慢速烤燃四项试验，实际试验中 PGB 通过了子弹撞击和碎片撞击试验，但没能通过慢速烤燃和快速烤燃试验。美国军方对弹药在快速烤燃和慢速烤燃试验中的响应情况进行分析，结合数值仿真结果，确定各种热环境下弹药内部压力急剧上升的区域，提出了弹药升级策略，具体见表 5－2。

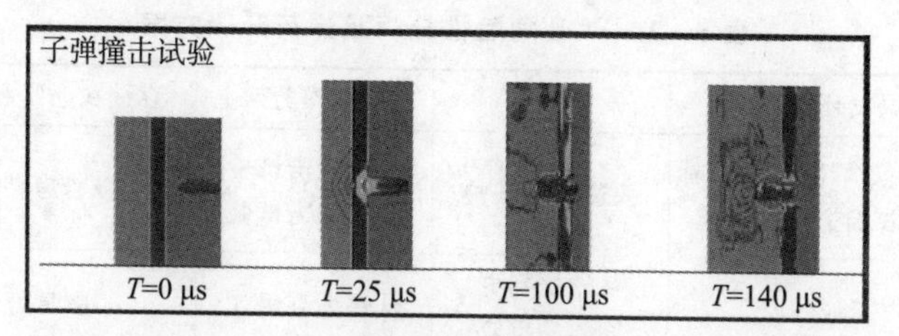

（a）子弹撞击

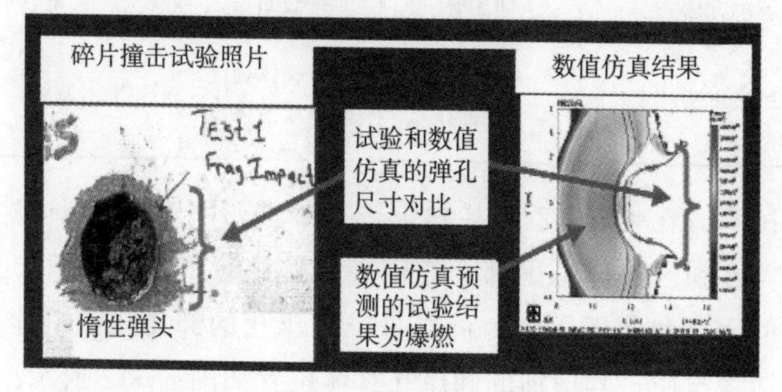

（b）碎片撞击

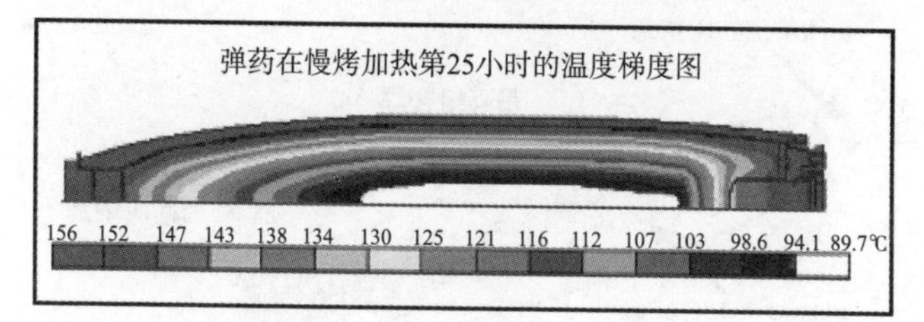

（c）慢速烤燃

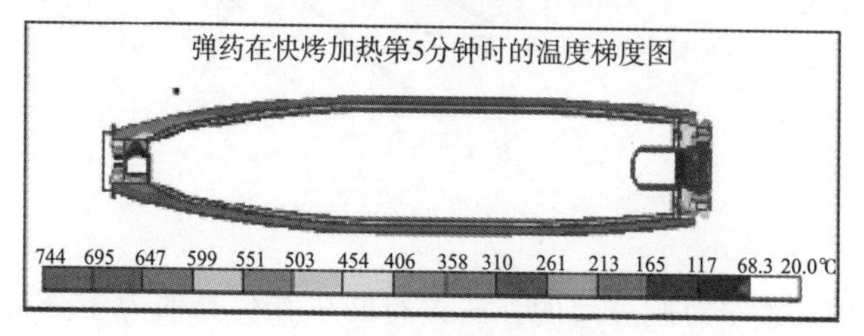

（d）快速烤燃

图 5－11　PGB 进行快烤、慢烤、子弹、碎片撞击的数值模拟

表 5-2　PGB 危险性分析及弹药升级方案

服役环境	战备弹	放置在弹药架上	存储在仓库和军舰上
对应的美军标和北约标准化协议试验方法和环境	快速烤燃试验	子弹撞击试验 碎片撞击试验	慢速烤燃试验
反应	从燃烧到更剧烈的反应	从爆燃到爆炸	喘息燃烧
解决方法	卸压管	爆破卸压	缓解燃烧
机械方法	被动卸压 主动卸压	降低壳体强度 降低堵盖强度	加缓冲器 采用低敏感炸药 合理堆放

美国军方在表 5-2 的基础上，对弹药设计提出了具体改进思路，如：在弹药头部、尾部、侧壁等多处位置增加卸压孔，计算各卸压孔的面积和卸压压力，根据每个卸压孔的卸压压力确定其卸压方式和堵盖材质。其增加的卸压孔具体位置如图 5-12 所示。

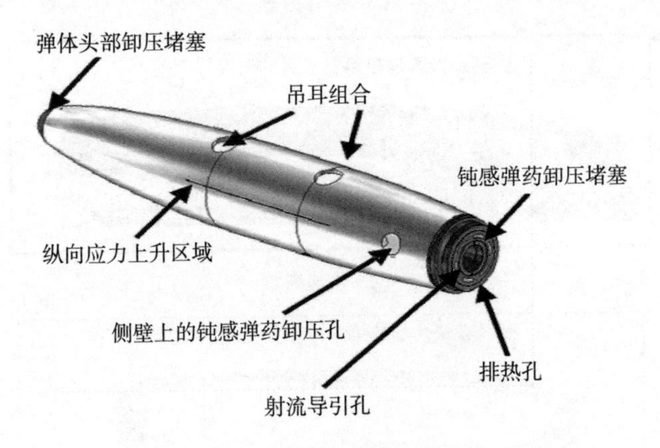

图 5-12　PGB 设计改进

此后，美军对改进后的弹药进行卸压孔位置的力学分析，并对弹药再次进行了试验验证，该弹药在碎片撞击、快速烤燃和慢速烤燃试验中的响应程度均为燃烧，表明改进后的弹药满足了美军标 2105C 的各项安全性要求。试验照片如图 5-13 所示。

碎片撞击试验

试验件配置及装置照片

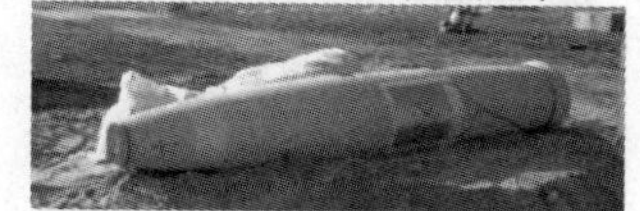

带包装的弹头

碎片发射装置

试验后弹头壳体照片

（a）碎片撞击

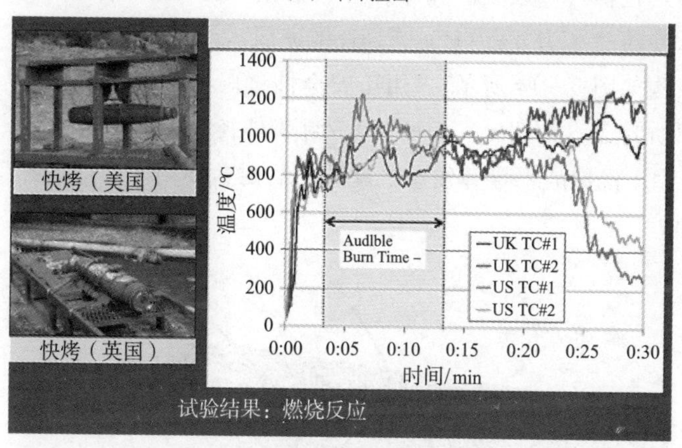

（b）快烤试验

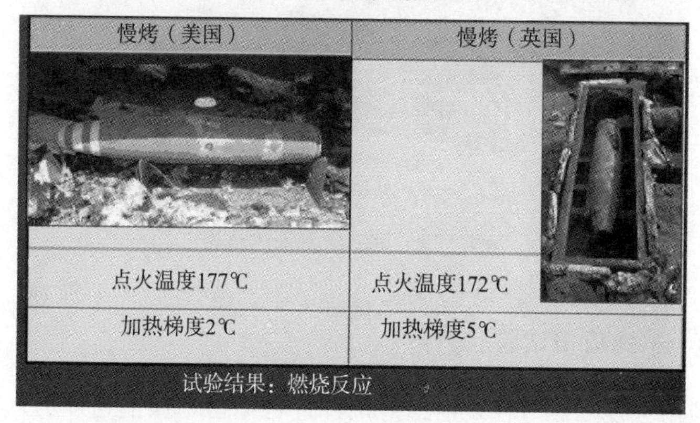

图 5 - 13　改进后的 PGB 在碎片撞击、快速烤燃、慢速烤燃试验中的照片

5.4 标准-3 导弹第三级发动机的安全性试验

5.4.1 标准-3 的参数与结构

标准-3 反弹道导弹是美国海基战区导弹防御系统的重要一环，用于拦截中远程弹道导弹。其第三级发动机采用了石墨—环氧树脂复合材料、自耗型点火器和 TP-H-3340 铝/高氯酸氨（Al/AP）推进剂，包括两个独立的脉冲药柱（药柱 1 为 TP-H-3518A 推进剂，脉冲药柱 2 为 TP-H-3518B 推进剂），按指令两次点火（该发动机结构如图 5-14 所示）。用于安全性试验中的试件发动机加装了前后铝质封盖（如图 5-15 所示），封盖外径为 13.72 英寸，厚度为 0.5 英寸。模拟战术导弹发动机配置，后封盖使用 4 个爆炸螺栓进行了加固。

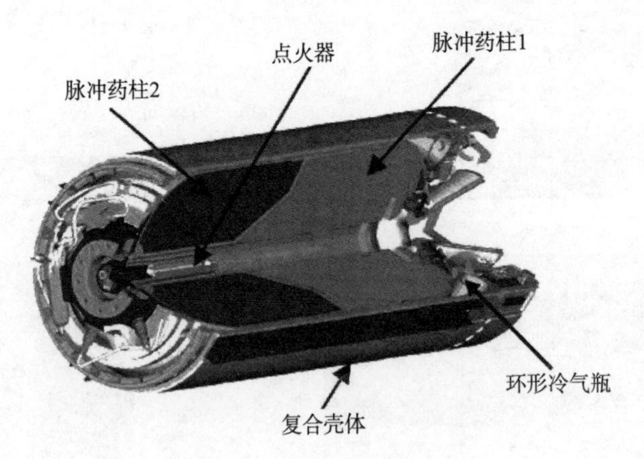

图 5-14 第三级发动机结构

5.4.2 子弹撞击试验

使用三发 0.5 口径装甲弹对试件进行撞击，撞击速度为（2 800 ±200）ft/s，子弹发射间隔为 50 ms。子弹的弹道与试件的纵轴垂

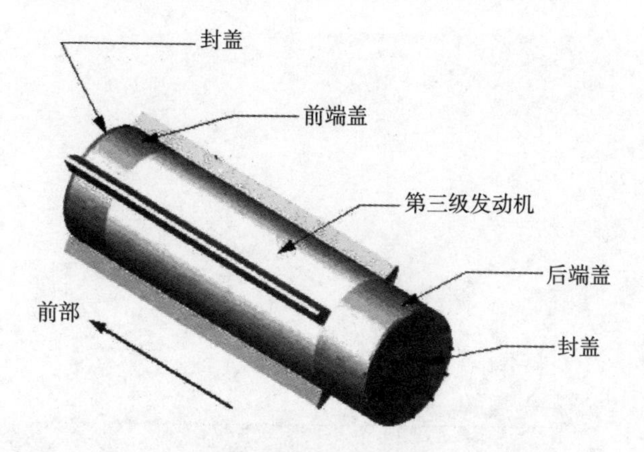

图 5 - 15　第三级发动机的安全性试验配置

直，应打穿第三级发动机的脉冲药柱 2 与发火管。子弹撞击试验平面图见图 5 - 16，现场照片见图 5 - 17。

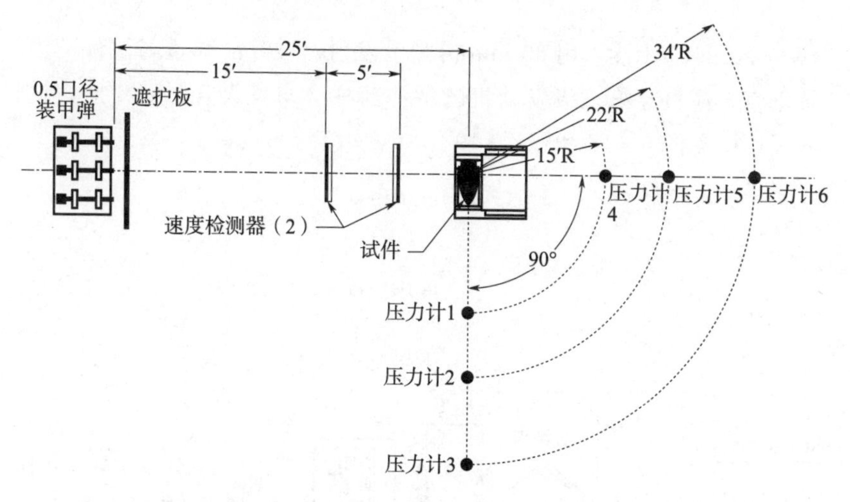

图 5 - 16　子弹撞击试验平面图

5.4.3　碎片撞击试验

使用 3 个 0.5 英寸软钢立方体对试件进行撞击，撞击速度为

图 5-17　子弹撞击试验现场照片

(6 000±200) ft/s，用 60 mm 滑膛枪发射。破片的弹道与试件的纵轴垂直，应打穿第三级发动机的脉冲药柱 2 与发火管。碎片撞击试验平面图见图 5-18 和图 5-19。

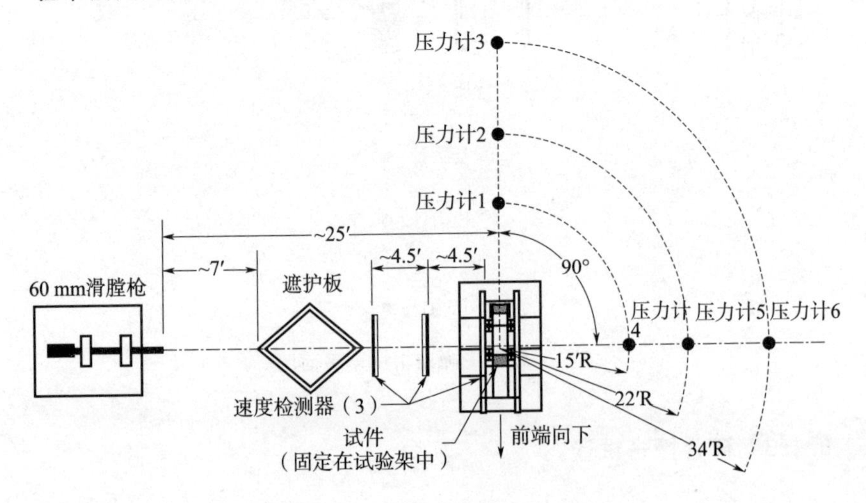

图 5-18　碎片撞击试验平面图

图5-19　碎片撞击试验现场照片

5.4.4　快烤试验

将第三级发动机悬挂在30 ft×30 ft燃料池上方，使用JP-5航空燃料进行试验。平均火焰温度>888.89 ℃，如图5-20所示。根据MIL—STD—2105C，应使用摄像机记录试验，并对试验后的发动机残片进行收集与分析。此外，需要测得的参数有：火焰温度与冲击波。

图5-20　快烤试验

5.4.5　试验结果

试验结果见表 5－3。

表 5－3　标准－3 导弹第三级发动机安全性试验结果

试验项目	试验结果
子弹撞击试验	反应类型Ⅲ（爆炸反应）
破片撞击试验	反应类型Ⅲ（爆炸反应）
快烤试验	反应类型Ⅳ（爆燃反应）

5.5　反装甲导弹固体火箭发动机的安全性试验

安全性试验不仅应用于全弹评估，更大量应用于含能子系统的安全性评估，并以此作为全弹评估的基础。美国 Aerojet 公司对 20 世纪 80 年代以前生产的反装甲导弹用固体火箭发动机进行了安全性试验。

5.5.1　受试发动机的型号与相关参数

反装甲导弹的相关数据及弹用固体火箭发动机的参数如表 5－4 所示。

表 5－4　反装甲导弹的参数

型号	制导方式	发射平台	射程/m	装备时间/装备数量
LAW 80	无制导，试射枪	便携式	500	－1985
Vigilant	无线电制导	车载	1 600	1964
Swingfire	无线电制导 光学跟踪	车载	0～5 000	1969/44 000
RBS 56	半自动指令瞄准线，无线电制导	便携式/车载	150～2 200	1988
MILAN	半自动指令瞄准线，无线电制导	便携式/车载	2 000	1972/>350 000
HOT	半自动指令瞄准线，无线电制导	车载/直升机	75～4 000	1974/>85 000

续表

型号	制导方式	发射平台	射程/m	装备时间装置数量
ACL 89	无制导	便携式	400	1975
APILAS	无制导	便携式	25～350	1983

表 5-5　反装甲导弹对应的固体火箭发动机参数

导弹型号	壳体材料	直径/mm	推进剂		标准 SI/s		≡海军标号	
			B	S	B	S	B	S
LAW 80	KOA	102	HTPB	—	248	—	0	—
Vigilant*	铝合金	114	CDB	CDB	226	224	28	26
Swingfire*	铝合金	165	CDB	CDB	226	223	27	30
RBS 56	铝合金	116	CDB	—	236	—	29	—
MILAN*	铝合金	87	CDB	CDB	212	214	<70	<70
HOT	铝合金	120	EDB	CDB	220	221	70	85
ACL 89	铝合金	89	EDB	—	226	—	74	—
APILAS	铝合金	112	EDB	—	226	—	74	—

5.5.2　试验结果

表 5-6 为固体火箭发动机进行的安全性试验及响应。

表 5-6　固体火箭发动机进行的安全性试验及响应

导弹型号	快烤	慢烤	子弹撞击	碎片撞击	
				1 830 m/s	2 530 m/s
LAW 80	V	Ⅰ/Ⅲ	V	V	V
Vigilant	Ⅵ/V	Ⅲ	V	V	V[2]
Swingfire	Ⅵ/V	Ⅲ	V[1]	V	V[2]
RBS 56	Ⅵ/V	Ⅲ	V	V	V[2]
MILAN	Ⅵ/V	Ⅲ	V	V[2]	V[2]
HOT	Ⅵ/V	Ⅲ	V	V[2]	未知
ACL 89	Ⅵ/V	Ⅲ	V	V[2]	未知
APILAS	Ⅵ/V	Ⅲ	V[1]	V[2]	未知

5.5.3 新一代反装甲导弹参数

美国又对新一代反装甲导弹（20 世纪 80 年代到 90 年代末）用固体火箭发动机进行了安全性试验，表 5 - 7 为反装甲导弹的相关数据。新一代反装甲导弹用固体火箭发动机一般为混合壳体（金属材料与非金属材料混合）。为提高发动机性能，内部装填高能推进剂。

表 5 - 7 新一代导弹参数

型号	制导方式	发射平台	射程/m
LR TRIGAT	被动红外	直升机	500～5 000 可增至 8 000
MR TRIGAT	编码激光驾束	便携式	200～2 400
ERYX	无线电制导 光学跟踪 半自动指令瞄准线	便携式	50～600

5.5.4 试验项目

新一代导弹用发动机进行的试验的照片如图 5 - 21 所示。

5.5.5 试验结果

表 5 - 8 给出了 ERYX 发动机所进行的安全性试验及试验反应类型。

表 5 - 8 ERYX 发动机所进行的安全性试验及试验反应类型

快烤	慢烤	子弹撞击	碎片撞击	
			1 830 m/s	2 530 m/s
燃烧	燃烧	燃烧	燃烧	爆轰

撞击前

撞击后

(a) LR TRIGAT进行子弹撞击试验

试验前

试验后

(b) MR TRIGAT进行快速烤燃试验

试验前

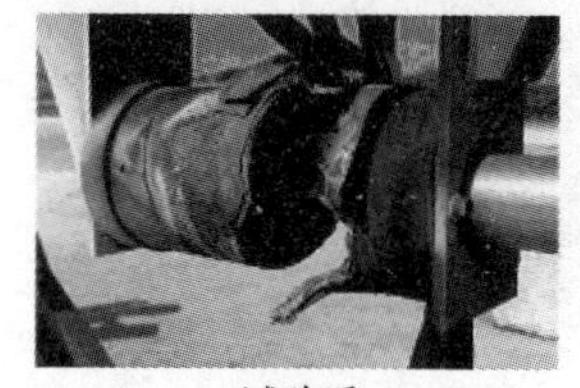

试验后

(c) ERYX发动机进行的枪击试验

试验前

试验后

(c) ERYX发动机进行快烤试验

图 5 - 21　新一代反装甲导弹发动机的安全性试验

5.6 通用导弹用固体发动机安全性试验

在 2006 年的钝感弹药及含能材料会议上，美国 Aerojet 公司对 2005 年开展的一系列安全性试验进行了总结（见图 5 - 22～图 5 - 25）。图 5 - 22 中，将单发联合通用导弹（JCM）火箭发动机与 JCM 弹头作为被发装药，81 mm B 类装药作为主发装药进行殉爆试验，验证板为 1 英寸厚铝板。试验中，火箭发动机与弹头均发生了爆轰（见图 5 - 23），发动机壳体与推进剂药柱分离，发动机壳体被抛掷到 46 m 以外。图 5 - 24 为单发 JCM 火箭发动机与双发 JCM 弹头作为被发装药，81 mm B 类装药作为主发装药进行的殉爆试验，试验件的摆放位置如图所示。试验中，采用 1 英寸厚铝板作为验证板。其中，弹头发生了爆轰，发动机未发生爆轰现象。

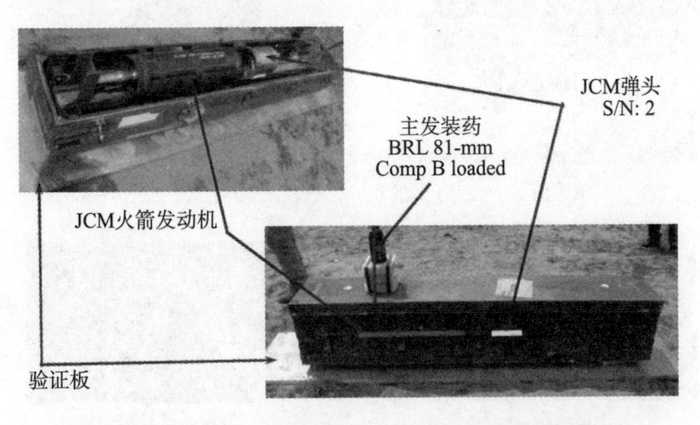

图 5 - 22　单发 JCM 火箭发动机与弹头的殉爆试验

图 5 - 23　试验结果

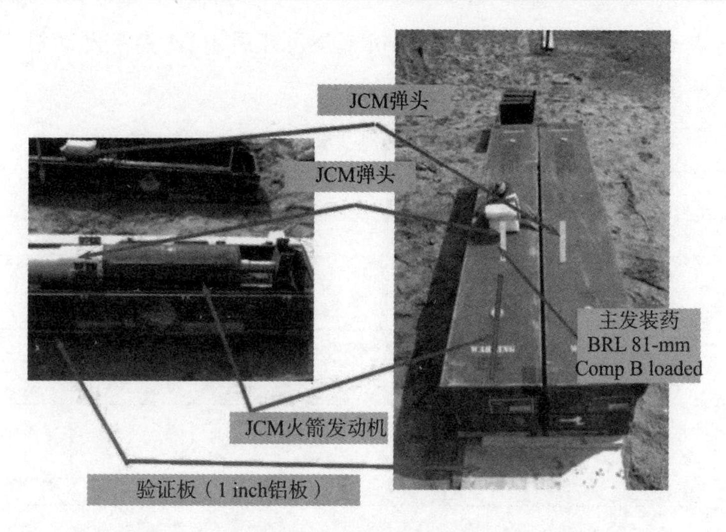

图 5-24 单发 JCM 火箭发动机与双发 JCM 弹头

Aerojet 公司在 2005 年 6 月进行了固体火箭发动机的碎片撞击试验。试验采用 18.31 g 的碎片，以 2 515 m/s 的速度对发动机进行撞击。碎片撞击后的照片如图 5-25 所示，发动机壳体破裂，喷管被抛掷到 41 m 以外，在地面及发动机壳体内部均发现了未燃尽的推进剂药柱。

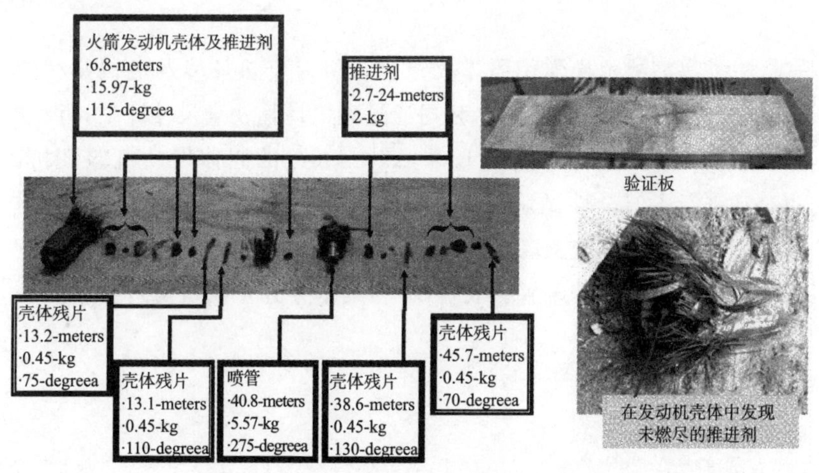

图 5-25 碎片撞击试验及试验结果

表 5－8 给出了 2005 年 Aerojet 公司开展 JCM 火箭发动机安全性试验的结果。

表 5－8　Aerojet 公司开展 JCM 火箭发动机安全性试验的结果

响应类型	快烤	慢烤	子弹撞击	殉爆	碎片撞击 2 515 m/s	碎片撞击 1 830 m/s	射流冲击
NR							
Ⅴ	☺		☺	☺	☺	☺	
Ⅳ							
Ⅲ		😐					
Ⅱ							
Ⅰ							☹

5.7　战术导弹发动机所进行的安全性试验

为了提高战术导弹用固体火箭发动机对于热环境及机械刺激的钝感响应程度，美国 Aerojet 公司通过理论计算及全尺寸评估，设计并制造了一系列直径不等（120～230 mm）的固体发动机验证机，并对其进行了安全性试验。试件发动机为钢壳体、铝壳体或复合材料壳体，装填双基或交联双基（XLDB）推进剂，某些发动机还配有降低快烤感度的特殊装置。表 5－9 为战术导弹发动机所进行的安全性试验。

表 5－9　战术导弹发动机安全性验证试验

	目的	导弹类型	直径	推进剂	壳体	装置	试验类型
1	定型	反舰导弹	128	低烟 HTPB 高燃速	铝		快烤—子弹 撞击—12 m 跌落
2	安全性技术验证	反坦克	150	低烟 HTPB 低燃速	混合	低温点火器	慢烤
3	安全性技术验证	反坦克	150	低烟 HTPB 中等燃速	混合	低温点火器	快烤—慢烤
4	安全性技术验证	通用	160	含铝 HTPB	钢	发泡型防火涂料；低温点火器；改进壳体	快烤
5	发动机改进	地—地	227	含铝 HTPB	钢		快烤—慢烤
6	研制	反舰导弹	235	低烟 HTPB 低燃速	铝		快烤—子弹 撞击—12m 跌落
7	发动机改进	通用	136	EDB	混合		快烤—子弹撞击
8	技术验证	超高速	140	XLDB	复合材料		快烤—子弹撞击
9	定型	反坦克	150	CMDB	混合		快烤—子弹撞击
10	定型	反坦克	152	CDB	混合		快烤
11	研制	空—地	240	低烟 HTPB 低燃速	铝	额外的外部热防护装置	快烤

图 5－26 为反舰导弹用发动机（表 5－9 中的 1 号）的参数及其进行的 12 m 跌落试验、快烤试验和子弹撞击试验。该发动机为铝质壳体，装填 15 kg HTPB 低烟推进剂。发动机直径 128 mm，长 1 200 mm。

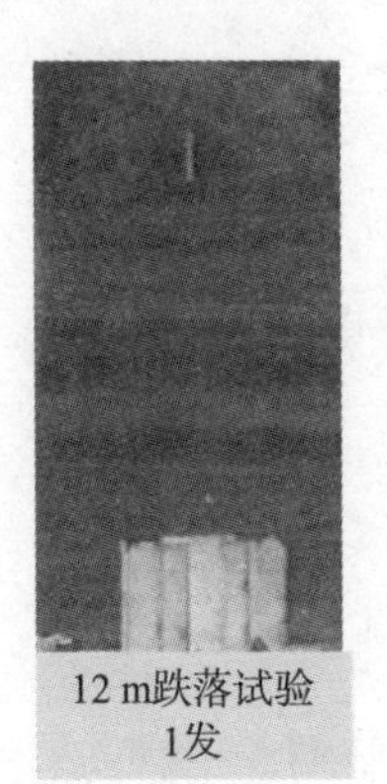

12 m跌落试验
1发

无响应

快烤：1发

57 s时发生燃烧（响应类型V）

子弹撞击：1发
（12.7 mm 860 m/s）

燃烧（响应类型V）

图 5－26　反舰导弹发动机跌落、快烤和子弹撞击试验

图 5－27 为反坦克导弹用发动机（表 5－9 中的 2 号和 3 号）进行的安全性方面的改进及快烤、慢烤试验。为了降低反坦克导弹用助推发动机对于热环境的敏感程度，Aerojet 公司对该发动机进行了安全性方面的改进，包括使用低温点火器、内部绝热及喷涂发泡型防火涂料，并通过快烤、慢烤试验对以上安全性技术进行了验证。快

快烤：1发

试验结果：在3′43″发生燃烧反应

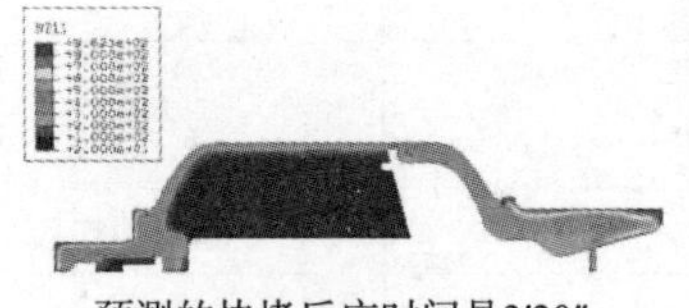

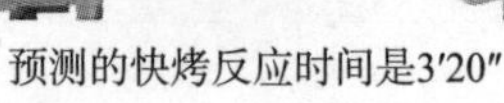

预测的快烤反应时间是3′20″

慢烤：2发

试验结果：反应类型IV-爆燃

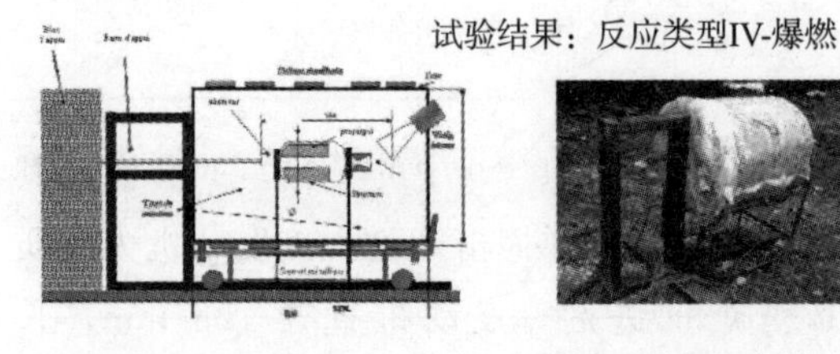

图 5－27　反坦克导弹用发动机（2 号和 3 号）进行快烤、慢烤试验

烤试验中，该发动机于 3′43″发生了燃烧反应（类型Ⅴ）；慢烤试验中的两发不同推进剂燃速的发动机则产生了助推（类型Ⅳ）。

图 5－28 为含铝 HTPB 钢壳体发动机（4 号）进行的快烤试验照片。

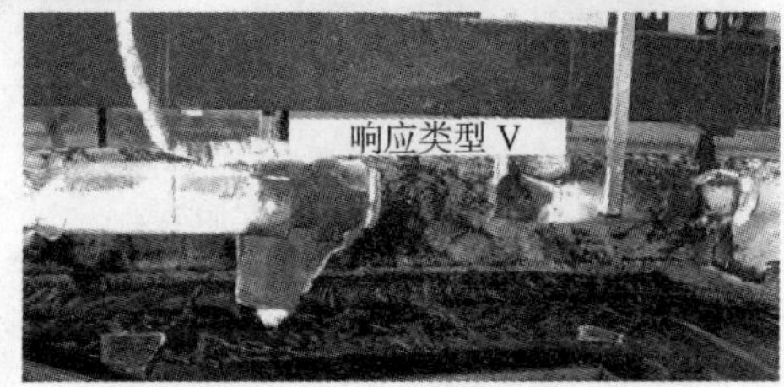

图 5－28　试验照片

Aerojet 公司对在用发动机（5 号）进行了壳体方面的改进，并喷涂发泡型防火涂料以期降低发动机的热敏感程度。图 5－29 为对改进前后的发动机分别进行的快烤、慢烤试验。快烤试验结果表明，发动机经过壳体改进后，产生的抛射物质量及超压值得到了大幅度的降低；慢烤试验中，原有发动机在 192℃时发生了爆轰反应（类型 I），而改进后的发动机则在 137℃时发生了爆炸（类型 III）。以上结果皆证明了对发动机采取的安全性改进技术的合理性。

图 5－30、图 5－31、图 5－32 分别为反舰导弹助推发动机（6 号）12 m 跌落、快烤以及子弹撞击试验，反坦克导弹续航发动机（7 号）的参数及子弹撞击、快烤试验，超高速发动机（8 号）的参数及子弹撞击、快烤试验。

快烤：2发

试验装置

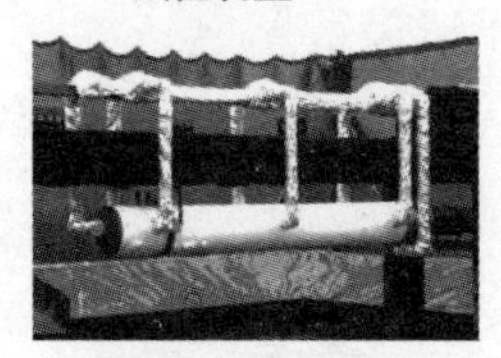

改进前的试验结果

改进后的试验结果

慢烤：2发

试验装置

改进前

反应温度：192℃

反应类型：爆轰

改进后

反应温度：137℃

反应类型：爆炸

图 5-29 在用发动机（5 号）进行的快烤、慢烤试验

12 m 跌落试 验

1发

无响应

快烤：1发

2′50″发生燃烧（响应类型 V）

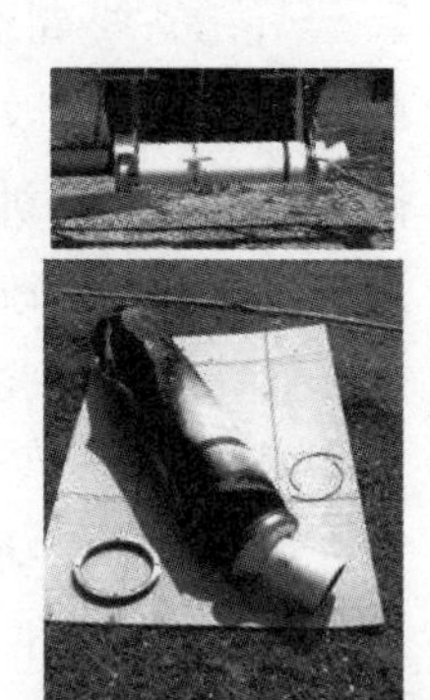

子弹撞击：1发

（12.7 mm 857 m/s）

响应类型 IV

（因15 m处的超压）

图 5-30 反舰导弹发动机（6 号）安全性试验

子弹撞击：1发
（12.7 mm 850 m/s）

快烤：1发

响应类型V（燃烧）

无响应

图5-31 在用反坦克导弹续航发动机（7号）安全性试验

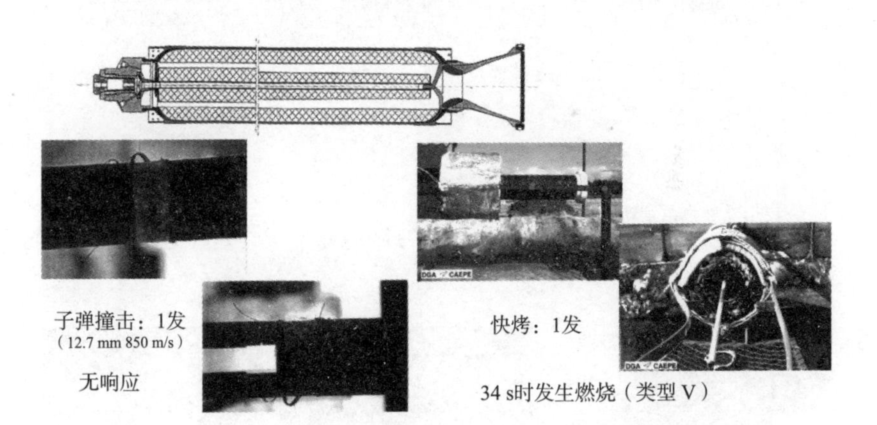

图5-32 超高速发动机（8号）安全性验证试验

图5-33、图5-34、图5-35分别为长射程反坦克导弹主发动机（9号）参数、快烤以及子弹撞击试验，中等射程反坦克导弹主发动机（10号）的参数及快烤试验，空—地导弹发动机（11号）的参数及快烤试验。

反坦克导弹主发动机：混合壳体
内部弹性绝热
复合改性双基推进剂（7 kg）
发动机直径130 mm

对改进型药柱进行的热模拟

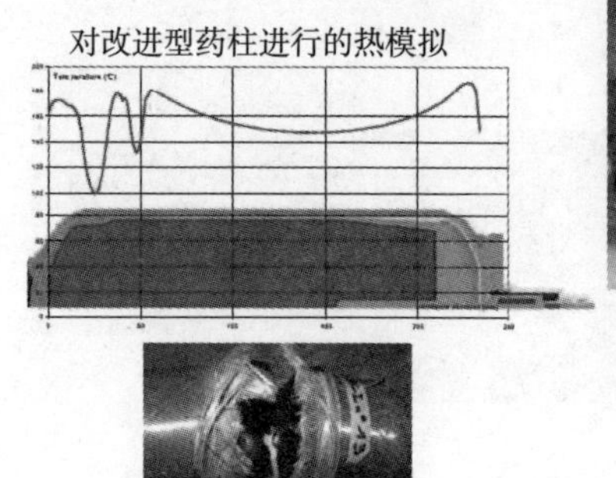

爆破压力试验

快烤：2发

燃烧（类型V）
At 230 s test n°1
At 164 s test n°2

子弹撞击：5发
（12.7 mm 850 m/s）

燃烧（类型V）（2）
无响应（3）

图 5－33　长射程反坦克导弹用发动机（9 号）

反坦克导弹主发动机：混合壳体
双浇铸双基火箭推进剂（4 kg）
发动机直径152mm

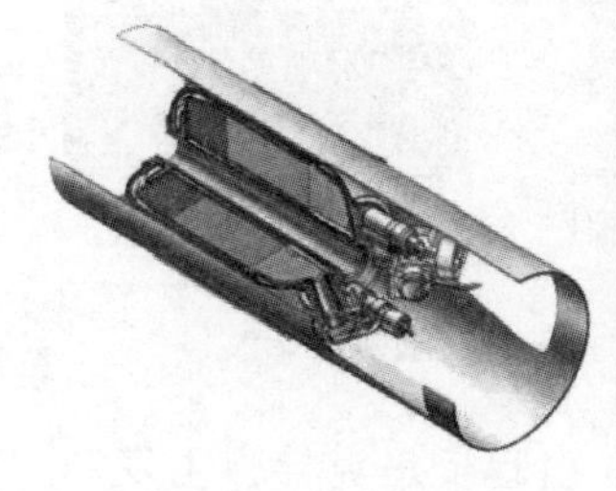

快烤：1发

323 s时发生燃烧（类型V）

图 5－34　中等射程反坦克导弹用发动机（10 号）

续航发动机：铝壳体（厚度<3 mm）
HTPB低烟推进剂（28 kg）
发动机直径240 mm，长度700 mm

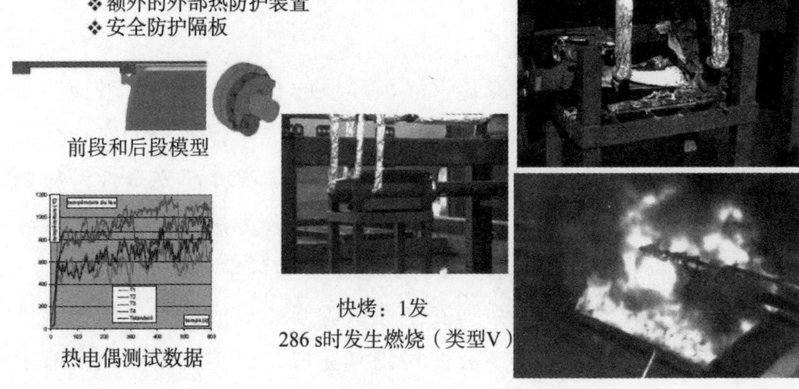

图 5-35　空-地导弹用发动机（11 号）安全性试验

除上述介绍的型号外，企鹅导弹、战斧导弹等多种型号弹药都开展了全弹或子系统的安全性试验，这些试验的开展为型号武器的定型、装备、技术改进等均提供了可靠的支撑。

第 6 章　展望

随着现代战争的快速变化，战场环境的日益恶化以及恐怖袭击手段的多变和不可预测性，各国日益重视常规导弹弹药的安全性问题，北约等军事强国的经验证明：制定常规导弹弹药安全性考核标准，规范常规导弹弹药安全性试验项目和试验方法，是健全常规导弹弹药考核的范畴、提高军队生存力和战斗力的重要保障。

安全性考核是通过一系列安全性试验来完成的，为保证试验评估的有效性，试验应该由专有的机构来完成，这类机构不仅要有承担常规导弹弹药安全性考核试验的技术实力和试验条件，还应该具备军方认可的资质。所以，在具备相应技术能力的单位增加试验测试条件，建立跌落、快烤、慢烤、射流、殉爆、碎片撞击、子弹撞击等试验设施，提升试验机构的仿真计算、数据分析和试验破坏机理及危害评估分析能力，最终成立安全性试验评估中心，可以对常规导弹弹药和子系统进行安全性试验，为常规导弹弹药的评定、改进、包装及防护配置、堆放要求及弹药架的设计提供依据，并最终为武器弹药定型及装备决策提供服务。

常规导弹弹药安全性试验技术研究的内容包括试验需求和环境分析技术、单项试验方法及其测试技术、试验数据分析及试验结果评估技术、试验工装、激励装置、测试装置和综合评价等技术。为减少试验成本，降低试验危险性，并大幅度提升试验效率，需要建立仿真模型，通过数值仿真预估其安全性试验的反应剧烈程度；同时研究缩比试验的有效性；最终建立综合评价技术，通过危险性评估流程实现对常规导弹弹药安全性的预估。建立试验数据库，合理外推试验数据，对大型整弹安全性试验数据进行补充。试验件选取方面，由于控制部件是常规导弹中成本最高的部分，开展整弹等效试验方法的研究，在试验中保留含能部件，其余部件可以用等效几何尺寸和导热率的材料替代，降低试验成本。在单项试验方法研究中，研制碎片发射装置，使其碎片撞击速度能够达到（2 530±90）m/s，并以一定的角度攻击常规导弹的薄弱部位；研制可以有效减少污染，节约能源的快速烤燃试验装置等。因此，对于从事安全性试验的人员来说，常规导弹弹药安全性试验依然还有很多技术有待研究和突破。

“没有生存就没有战斗力”，随着现代战争的快速变化，高新武器的发展，弹药载体的存储量倍增，武器平台的大规模扩容，尤其是随着社会的不断进步，人的生命越加珍贵，弹药发射平台（舰艇、战机、航母等）也越加先进，价值日益高昂，一旦弹药在受到恐怖袭击以及外军远程攻击时发生安全性事故，将对部队造成不可估量的损失，甚至成为影响战争胜负的重要因素。可以预见，安全性考核将不仅仅局限于个别导弹弹药型号的研制需求，而是关系到整个常规导弹弹药的评估和定型工作，必将会成为未来武器装备技术发展的热点。因此，开展常规导弹弹药安全性考核及技术研究已迫在眉睫，以技术研究为依托，建立健全试验考核标准体系，不仅可以对常规导弹弹药进行更加全面的考核，还可以促进钝感弹药的研制，降低弹药在勤务过程中由于意外因素和在战争环境中受到敌方武器攻击发生安全事故的可能性，最大限度地保证人员和装备安全，提升弹药及武器平台的生存力和战斗力，最终为赢得未来战争奠定坚实的基础。

参考文献

[1] MIL - STD - 2105C Hazard Assessment Tests for Non - nuclear Munitions.

[2] MIL - STD - 167/1 Mechanical Vibrations of Shipboard Equipment (Type I - Environmental and Type II - Internally Excited).

[3] MIL - STD - 167/2 Mechanical Vibrations Of Shipboard Equipment (Reciprocating Machinery And Propulsion System And Shafting) Types III, IV, AND V.

[4] MIL - STD - 331 Fuze and Fuze Components, Environmental and Performance Tests for.

[5] MIL - STD - 810 Environmental Test Methods and Engineering Guidelines.

[6] MIL - STD - 882 Standard Practice for System Safety Program Requirements.

[7] MIL - STD - 1670 Environmental Criteria and Guidelines for Air - Launched Weapons.

[8] STANAG 2895 Extreme Climatic Conditions and Derived Conditions for Use in Defining Design Test Criteria for NATO Forces Materiel.

[9] STANAG 4370 Environmental Testing.

[10] AECTP 100 Allied Environmental Conditions and Test Procedures (AECTP) 100, Environmental Guidelines for Defence Materiel (under STANAG 4370).

[11] AECTP 200 Allied Environmental Conditions and Test Procedures (AECTP) 200, Environmental Conditions (under STANAG 4370).

[12] AECTP 300 Allied Environmental Conditions and Test Procedures (AECTP) 300, Climatic Environmental Tests (under STANAG 4370).

[13] AECTP 400 Allied Environmental Conditions and Test Procedures (AECTP) 400, Mechanical Environmental Tests (under STANAG 4370).

[14] STANAG 4240 Liquid Fuel/External Fire, Munition Test Procedures.

[15] STANAG 4241 Bullet Impact, Munition Test Procedures.

[16] STANAG 4382 Slow Heating, Munition Test Procedures.

[17] STANAG 4396 Sympathetic Reaction, Munition Test Procedures.

[18] STANAG 4439 Policy for Introduction, Assessment and Testing for Insensitive Munitions (MURAT).

[19] STANAG 4496 Fragment Impact, Munition Test Procedure.

[20] AOP - 38 Glossary of Terms and Definitions Concerning the Safety and the Suitability for Service of Munitions, Explosives and Related Products.

[21] AOP - 39 Guidance on the Development, Assessment and Testing of Insensitive Munitions (MURAT).

[22] UN Orange Book ST/SG/AC. 10/11/Rev 1, Second Edition, Recommendations on the Transport of Dangerous Goods, Tests and Criteria, United Nations, New York, 1990.

[23] ANSI Y14. 3 Multi and Sectional View Drawings (DOD Adopted).

[24] EIA 170 Electrical Performance Standards - Monochrome Television Studio Facilities.

[25] EIA 330 Electrical Performance Standards for Closed Circuit Television Camera 525/60 Interlaced 2 : 1.

[26] ASTM E - 1742 Inspection, Radiographic.

[27] Ian J L, Richard M D, Brian L. Hamshere Evaluation of Australian RDX in PBXN -109 DSTO - TN - 0440.

[28] Ward J M, Powell J G, Peckham P J, Swisdak M M. Sparrow (7M) Hazards Test Program, Naval Surface Weapons Center Silver Spring MD.

[29] Tomahawk (BGM - 109 B/C - 2) Sympathetic Detonation Testing and Hazard Arc Determination, ADP005393.

[30] Basic Tow Missile (BGM - 71A - 1) Quantity - Distance Hazard Study, ADP000445.

[31] Tow 2B Sympathetic Detonation Container. Insensitive Munitions Energetic Materials Technology Symposium, Bristol, England, 2006.

[32] Army Tactical Missile System (TACMS) Block II Insensitive Munitions Test Results. 20th Jannaf Propulsion Systems Hazards Subcommittee Meeting, vol. 1, p. 1 - 13.

[33] Efroymson R A，Hargrove W W. Demonstration of the Military Ecological Risk Assessment Framework（Meraf）：Apache Longbowbhellfire Missile Test at Yuma Proving Ground Ornl/TM－2001/211.

[34] MSIAC Workshop. Insensitive Munitions－The Effect of Ageing upon Life-cycle Workshop，Helsinki，Finland，May 2005.

[35] NIMIC－AC310 Workshop. Insensitive Munitions Assessment Methodology，Nettuno，Italy，March 2002.

[36] Guengant Y，Isler J. How can Small Scale Laboratory Tests：EM Characterization，Modelling，Help to Predict the Responses of Munitions，Application to Bullet and Fragment Impacts. NIMIC Workshop，IM Testing，1997.

[37] Guengant Y. Predictive Methodology for Slow Cook－Off Threat. NIMIC Workshop Small Scale Testing and Modelling，2000.

[38] Roy L M，Gaudin C. Small Scale Testing as a Predictive Tool for the Response of a Munitions to Bullet Impact. NIMIC Workshop，Small Scale Testing and Modelling，2000.

[39] Vulnerability of Solid Propellant Rocket Motors to Electromagnetic Fields. American Institute of Aeronautics and Astronautics，Huntsville，USA，July 2003.

[40] Numerical Simulation of Reaction Violence to Cook－off Experiments. Energetic Materials & Technology Symposium，Orlando，USA，March 2003.

[41] NIMIC Workshop. Small Scale Testing and Modelling. Fort Walton Beach，Florida，USA，January 2000.

[42] Guengant Y. MunitionsVulnerability Assessment Along Their Life Cycle. MSIAC Workshop，May 2005，Helsinki，Finland.

[43] AOP 7 Guidance on the Assessment of the Safety and Suitability for Service of Munitions for NATO Armed Forces.

[44] AOP 15 Manual of Aata Requirements and Tests for the Qualification of Explosive Materials for Military Use.

[45] Rat M，Mahé B. Aging of Cast Plastic Bonded Explosives Methodology and Results. MSIAC Workshop，Helsinki，Finland，May 2005.

[46] NIMIC Document L69 Custodian of the Hazard Assessment Protocols.

[47] NIMIC Workshop，IM Testing，Adelaide，Australia，November 1997.

[48] Brunet J, Paulin J L. Study of the Deflagration to Detonation Transition of Missile Propellants. AGARD Conference - Hazard Studies for Solid Propellant Rocket Motors, May 28 - 90, 1984.

[49] Graham V, Craig W. Precision Guided BomPrecision Guided Bomb (PavewayTM IV) IM Development.

[50] Donald M P. Progress, Challenges and Way Ahead for the Navy Insensitive Munitions Program.

[51] Steve Thomas Storm Shadow: Achievement of an IM Compliant Lethal Package Insensitive Munitions & Energetic Materials Technology Symposium , 2006.

[52] Tactical Rocket Motors IM Demonstrators. Validation of Concepts to Improve IM Responses to Thermal and Bullet Impact Stimuli Insensitive Munitions & Energetic MaterialsTechnology Symposium , 2006.

[53] Konrad N, Raymond C. The Evolution of IM Rocket Motors for Anti - Armour Application, Insensitive Munitions & Energetic Materials Technology Symposium , 2004.

[54] Haskins P J, etc.. High - Velocity Fragment Impact Testing, 2007 Insensitive Munitions and Energetic Materials Technology Symposium.

[55] Ford K P. Progress on Development of a Sub - scale Fast Cook - off Test, 2007 Insensitive Munitions and Energetic Materials Technology Symposium.

[56] Alice I A, etc.. Development of Subscale Fast Cookoff Test, ADA466874.

[57] Jameson A. Insensitive Munitions Testing of a Rocket Motor Suitable for Future Air - to - Air Missiles, AIAA 97 - 3129.

[58] Patricia S V. PAC - 3 Insensitive Munition/Final Hazard Classification (IM/FHC) Test Program and Multimedia Data Base. ADA356242.

[59] Army Test and Evaluatton Command Test Operations Procedure. United States Patent, ADA268954, 1993 - 06 - 03.

[60] Augustin G, Patrick F. Low - Vulnerability Solid - Propellant Motor. United States Patent, 6 148 606, 2000 - 11 - 21.

[61] Steven S K, Chris M N. Solid Propellant Rocket Motor Thermally Initiated Venting Device. United States Patent, 6 363 855, 2002 - 04 - 02.

[62] Theodore F C. Solid Rocket Propellant. United States Patent, 6 066 214,

2000 - 05 - 23.

[63] Yves G，Fabrice H. Vulnerablity of Solid Propellant Rocket Motors to Electromagnetic Fields，AIAA 2003 - 4509.

[64] Welland W H M，etc. . Improvement of HNF and Propellant Characteristics of HNF Based Composite Propellants，AIAA 2007 - 5764.

[65] Talawar M B，etc. . Emerging Trends in Advanced High Energy Materials，Combustion，Explosion，and Shock Waves，Vol. 43，No. 1，pp. 62 -72，2007.

[66] Patrick K，Patrick L. The French IM Policy：Ten Years After. 含能材料与钝感弹药年会文集，2003.

[67] Alastair M K. UK MOD IM Implementation Strategy. 含能材料与钝感弹药年会文集，2003.

[68] Jim M. The UK IM Position - A Progress Report. 含能材料与钝感弹药年会文集，2006.